零概念也能樂在其中！
探索蛋白質的運作&機制

人體不可或缺的
營養素

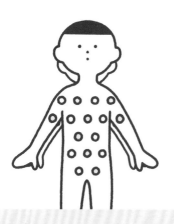

理學博士
佐々木一／監修　　王盈潔／譯

前言

　　近來對健身的意識增長，相信很多人對於蛋白質和營養都很感興趣。應該也有些人雖然有興趣，但總覺得好像很複雜、很難懂吧。為了讓不善於這些艱澀內容的人也能簡單地學習蛋白質的相關知識，於是促成了這本書的誕生。

　　蛋白質、脂質、碳水化合物被稱為3大營養素。在這當中特別重要的就是蛋白質。人體約有60％是水分，第二多的是約占20％的蛋白質。雖然大家都知道蛋白質是組成肌肉的原料，但各位知道從皮膚和頭髮、指甲、血管到內臟，都是由蛋白質所構成的嗎？其實不管是成功減重，還是養成美肌、美髮，抑或是維持身心健康，蛋白質都扮演了關鍵的角色。這幾年造成問題的疾病──「肌少症」，就是肌肉量減少以致於健康壽命縮短的危險疾病，而其中原因之一就是缺乏蛋白質。蛋白質是人類健康快樂地生活所不可或缺、堪稱生命泉源的營養素。

　　我們的身體每天都在製造如此重要的蛋白質。蛋白質的供給來源只有食物，人體會分解由食物當中所攝取的蛋白質，為身體

再造所需的新蛋白質。由巧妙的系統所製造出來的蛋白質，是如何成為身體的一部分並發揮功能的呢？還有，要攝取多少蛋白質、又該如何攝取呢？對蛋白質了解愈多，是不是湧現了愈多疑問呢？

　　本書將淺顯易懂地說明關於蛋白質的功用、較佳的攝取方法，還有攝取不足所引起的各種問題。了解蛋白質就等於面對自己的身體。希望各位透過學習關於蛋白質的基礎知識，在加深對人體的興趣之同時，也對健康有所助益。

理學博士 佐々木一

目　次

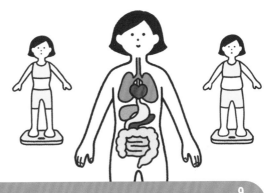

第2章 原來如此！淺顯易懂 蛋白質的運作機制 ···· 59 ▼ 96

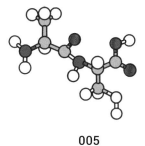

第**3**章 如此一來就萬無一失！ **蛋白質的攝取方法** ······ 97 ▼ 148

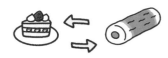

第**4**章 　會想和朋友分享的 **蛋白質冷知識** ··············· 149 ▼ 169

※本書內容如未特別標註，則是根據2021年9月1日當時的資訊。

第 **1** 章

以前都不知道！

健身
與蛋白質

蛋白質是鍛鍊肌肉所不可或缺的。
但是，蛋白質只有在鍛鍊肌肉時才有需要嗎？
本章將解說蛋白質與健身的相關疑問。

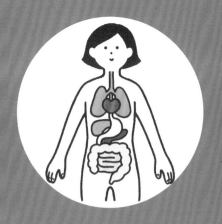

01 蛋白質對人體有何功用呢？

原來如此！ **組成與維持人體運作，**
是生命不可缺乏的最重要營養素。

　　肌肉、內臟、皮膚、毛髮……，你知道**這些身體部位大部分都是由蛋白質所構成的**嗎〔**圖1**〕？不只是身體部位，雖然眼睛無法看到，為了保持身體正常運作、維持健康，每天都在運作的**荷爾蒙以及酵素、抗體也是由蛋白質所構成的**〔**圖2**〕。此外，蛋白質也被用來當成活動身體的**能量來源**〔**圖3**〕。構成、維持、活動身體所必需的蛋白質，對我們來說堪稱**最重要的營養素。**

　　舉例來說，如果去除體內所有的蛋白質，肌肉就不見了，只剩下骨骼的磷酸鈣結晶。就連被視為是鈣質堆疊而成的骨骼，其起源也是蛋白質。也就是說，**沒有蛋白質，人體就無法存在。**

　　在組成我們身體的最小單位「細胞」內，正以驚人的速度持續製造蛋白質。只要活著，蛋白質就會生成，並持續運作。然而，這個蛋白質也有壽命，以數分鐘到數個月不斷在流失，每天替換2～3%。因此，我們必須每天透過飲食持續補充蛋白質。

蛋白質的主要功能

▶ 構成身體形狀〔圖1〕

人體約60%是水分，水分以外最多的是蛋白質。

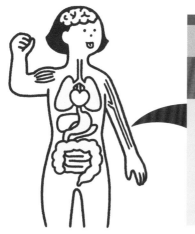

脂肪 約15%	← 醣類／其他 約5%
蛋白質 約20%	
水分 約60%	

▶ 活動身體〔圖2〕

在體內運作的各種成分也是由蛋白質所構成。

酵素 體內約有5000種酵素，可加速體內發生的化學反應，例如消化或解毒酒精等等（➡ P82）。

荷爾蒙 由內分泌腺所製造，可調節身體的各種機能（➡ P86）。

抗體 保護身體不受病毒或細菌侵襲（➡ P84）。

▶ 作為能量來源〔圖3〕

不只碳水化合物和脂質，蛋白質也是能量來源。

為避免被過度當成能量來源使用，碳水化合物和脂質也均衡攝取是非常重要的。

以前都不知道！健身與蛋白質 **第1章**

02 蛋白質只有想鍛鍊肌肉的人攝取即可？

原來如此！ 為了維持身體健康，
任何人都要攝取每天的必需量。

　　雖然「長肌肉需要蛋白質」是常識，但不想長肌肉就不需要蛋白質嗎？答案是「否」。為什麼呢？因為身體的部位每天都會再生。不論長肌肉與否，**都必須補充維持身體的原料 —— 蛋白質。**

　　來看看體內蛋白質的收支。我們從飲食當中攝取到體內的蛋白質會被分解成胺基酸並吸收（➡ P62），再跟著血液被運送到身體各處待命。這些在體內待命的胺基酸隨時都累積著一定的量，稱為**胺基酸庫。**

　　每天從這個胺基酸庫出去的量，有用於合成蛋白質的份，還有工作結束以糞便或尿液排出體外的份。另一方面，新進的有從飲食中攝取的份，以及分解體內蛋白質而成的胺基酸。無法使用的會被排出，有用的胺基酸則會被再利用。蛋白質的合成量與被分解進入的量是相同的，因此被排出的份必須透過飲食補足〔**右圖**〕。若透過飲食攝取的量不足，胺基酸庫為了保持一定的量，就會開始分解肌肉。人體可謂不惜犧牲自我也要補足蛋白質的不足。

▶ 體內的蛋白質 1 天的進出

以體重 60kg 的人為例，每天會製造出與被分解的蛋白質等量的蛋白質，以維持恆常性。

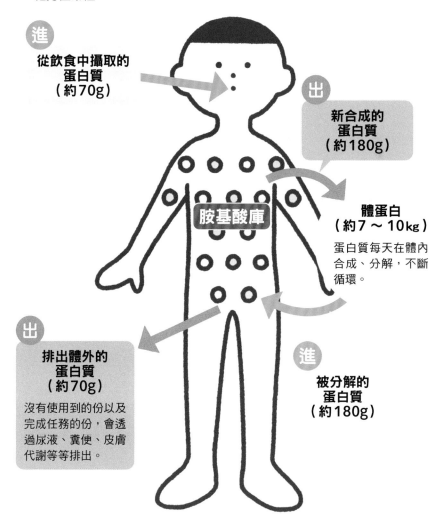

進
從飲食中攝取的蛋白質
（約70g）

出
新合成的蛋白質
（約180g）

胺基酸庫

體蛋白
（約7～10kg）
蛋白質每天在體內合成、分解，不斷循環。

出
排出體外的蛋白質
（約70g）
沒有使用到的份以及完成任務的份，會透過尿液、糞便、皮膚代謝等等排出。

進
被分解的蛋白質
（約180g）

03 減重的大敵？盟友？蛋白質可以增胖？瘦身？

 充分攝取蛋白質的話，
能增加肌肉量，**養成易瘦的體質**。

　　「變胖」或「變瘦」取決於進出身體的熱量之平衡。攝取熱量（透過飲食攝取的熱量）大於消耗熱量（活動身體所需的熱量）的話會變胖；消耗熱量大於攝取熱量，則會變瘦〔**圖1**〕。

　　攝取蛋白質的話，當然也會攝取相對應的熱量。不過，掌握消耗熱量至關重要的「提升基礎代謝」關鍵的，也是蛋白質。

　　所謂的基礎代謝是指保持一定的體溫、內臟運作等等，為了生存所必需不可欠缺的熱量消耗。**身體一天消耗的熱量約有60％是基礎代謝，其中肌肉就負責了約20％**〔**圖2**〕。肌肉增加的話，由於活動肌肉所需的熱量增加，基礎代謝也會跟著提升。也就是說，**大量攝取組成肌肉的蛋白質的話，能增加肌肉量，形成容易瘦下來的體質。**

　　如果「因為怕胖」而單純地減少吃的量，不只是攝取的熱量，很容易連蛋白質的量都跟著降低。如此一來，會使得肌肉量和基礎代謝都下降；本來是為了減重，結果連肌肉也減掉了，形成了容易發胖的體質。

▶ 變胖、變瘦取決於身體的收支平衡〔圖1〕

吃太多而變胖，是因為攝取熱量高於消耗熱量，而變成了體脂肪囤積的緣故。

消耗熱量少的話，攝取熱量相對較多，就會變胖。

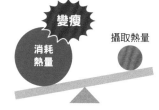

消耗熱量大於攝取熱量的話，就會變瘦。

▶ 基礎代謝的 20% 是肌肉〔圖2〕

基礎代謝會和肌肉量成正比增加。

增加占基礎代謝約 20% 的肌肉，對瘦身減重有效。

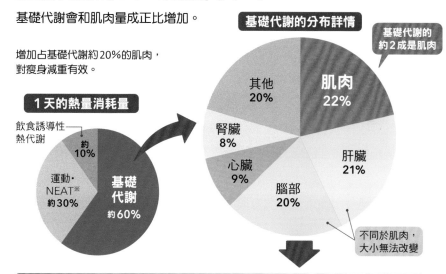

1 天的熱量消耗量

- 飲食誘導性熱代謝 約 10%
- 運動‧NEAT※ 約 30%
- 基礎代謝 約 60%

基礎代謝的分布詳情

基礎代謝的約 2 成是肌肉

- 其他 20%
- 肌肉 22%
- 腎臟 8%
- 心臟 9%
- 肝臟 21%
- 腦部 20%

不同於肌肉，大小無法改變

攝取組成肌肉的原料 ── 蛋白質對減重瘦身是不可少的。

※NEAT ＝ non-exercise activity thermogenesis 指家事等日常生活活動。
出處：日本厚生勞動省 e-healthnet

015 以前都不知道！健身與蛋白質 第1章

04 蛋白質 吃再多也不會胖？

原來如此！ 是**留意攝取熱量**的同時，
應優先攝取的營養素。

如果持續毫無節制地吃蛋白質，當然會胖。不過，**蛋白質在三大營養素（碳水化合物、脂質、蛋白質）當中最適合減重**則是事實。主要有3個理由。

第1個理由是**消化吸收時消耗成熱能的比例（飲食誘導性熱代謝／DIT[※]）非常高**。提高蛋白質在飲食中所占比例的話，吃完後身體容易發熱，能加速脂肪的分解及燃燒，也就容易瘦下來〔**圖1**〕。

第2個理由則是**不容易轉換成脂肪**。多餘的脂肪和醣類會儲存在體內，但蛋白質會被當成熱量消耗掉，即使有多餘，也幾乎都排放到尿液裡了〔**圖2**〕。

因為這些理由，**如果能養成優先食用必需的蛋白質**，就難以攝取與以往相同量的碳水化合物和脂質，**自然而然就能降低攝取熱量**。這就是第3個理由。再補充一點，食用時慢慢咀嚼據說可降低15%左右的攝取熱量，因此特別推薦有嚼勁的紅肉等等。像這樣只要攝取熱量不過多，從減重的角度來看，蛋白質也可以說是需積極攝取的營養素。

※DIT = Diet Induced Thermogenesis

蛋白質適合減重

▶ 蛋白質會產熱〔圖1〕

消化、吸收食物時，內臟活動變得活絡，就會產熱、消耗熱量。這就稱為DIT（飲食誘導性熱代謝）。

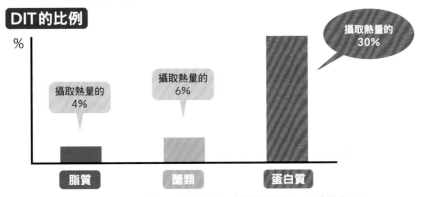

DIT的比例

%

攝取熱量的4%
脂質

攝取熱量的6%
醣類

攝取熱量的30%
蛋白質

※ 實際上飲食是混合的，不會只吃營養素單體。食物的熱量約有10%會變成DIT。蛋白質的比例如果增加，飲食的DIT也會提高。

用餐後身體會覺得熱呼呼的，就是因為DIT使得體溫上升的緣故。仔細咀嚼的話，也會提高DIT。

▶ 蛋白質不容易形成脂肪〔圖2〕

蛋白質被分解為胺基酸後，有很高的比例會合成內臟或肌肉、被當成能量來源利用和排出。

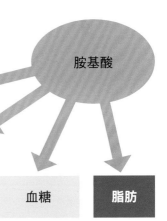

胺基酸

\使用率第1名/
體蛋白

\使用率第2名/
能量
＋
排出

血糖

脂肪

僅有極少量會轉換成血糖或脂肪。

以前都不知道！健身與蛋白質 第1章

Q 蛋白質這個名稱的由來是什麼？「蛋白」的由來是？

| 蟲 | or | 細胞 | or | 蛋 |

所謂的「蛋白」指的是什麼呢？話說回來，為什麼會被稱為這個名字呢？

　　以下就來追溯蛋白質的名稱起源。蛋白質的英文叫做「protein」。據說「protein」這個名字是由1838年荷蘭的化學家所想到的。因為「雖然還不甚了解，但它含有組成生物的基本要素很重要的物質喔」，於是就以**希臘文當中代表「首要之物、最初之物」的「proteios」這個詞來加以命名了。**

而後，在20世紀初，德國化學家費雪（Hermann Emil Fischer）（➡P150）提倡了蛋白質的結構。這時雖然「protein」一詞已經被使用，**但在德文當中也被譯為「Eiweiβ」，而「Eiweiβ」有蛋白的意思。**到這裡大家應該發現了吧，**這個德文「Eiweiβ（＝蛋白）」被直譯成了「蛋白」。**日文裡的「蛋」是指「卵」，**「蛋白」的由來是卵**，更進一步來說，這個詞就是表示「卵白」。

為什麼是蛋白呢？**這是因為蛋白的主要成分除了水以外，其餘幾乎是蛋白質〔下圖〕。**蛋是手邊的素材，從以前應該就有「說到蛋白質就指是蛋」這個概念了。順帶一提，據說有一小段時期日本有人主張應該稱為「卵白質」而不是「蛋白質」，但後來好像沒有成立⋯⋯。

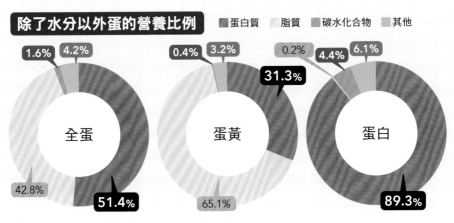

除了水分以外蛋的營養比例　■蛋白質　□脂質　▨碳水化合物　▨其他

全蛋
1.6%　4.2%
42.8%
51.4%

蛋黃
0.4%　3.2%
31.3%
65.1%

蛋白
0.2%　4.4%　6.1%
89.3%

出處：參考日本文部科學省　日本食品標準成分2020年版計算而來

05 肌肉增加的話，身體會變得如何？

原來如此！ 肌肉每 +1kg 體脂肪會 － 2.5kg，身體曲線**會變緊實、看起來顯瘦**。

肌肉增加 1kg 的話，基礎代謝會提高多少呢？**每1kg肌肉的基礎代謝量1天約13kcal。**或許會想說「咦？只有這樣？」但這是完全不活動時能消耗的數字。**進行肌力訓練的話，可以活化自律神經系統以及內分泌系統的運作，具有更進一步促進全身能量代謝的效果。**

以 19 ～ 22 歲男性為對象的實驗中，調查了持續每周 2 次肌力訓練時的基礎代謝變化，結果 3 個月肌肉增加了約 2kg，基礎代謝量提高了約 100kcal。也就是說，如果增肌之後運動，每 1kg 肌肉的消耗熱量會增為約 50kcal。「積少成多」，如果能透過每天的肌力訓練保持這個肌肉量的話，1 個月（30 天）約 1,500kcal、1 年（365 天）約 18,250kcal、5 年約 91,250kcal，隨著經過的時間越長，和什麼都沒做的狀態下所消耗的熱量之間的差異就越大〔**圖1**〕。

此外，減重很容易只在乎體重，但即使體重相同，**腹部或手臂、下半身鬆弛的肌肉變緊實的話，看起來就顯瘦**〔**圖2**〕。尤其是**增強小腿的肌肉**，也有促進血液循環的效果，有助於**改善手腳冰冷或水腫**。

▶ 透過肌力訓練提升代謝量 〔圖1〕

肌肉量差1kg，1年後體脂肪量的消耗相差約2.5kg。

什麼都不做的狀態

透過肌力訓練增加1kg肌肉

基礎代謝量

1日

1年

即使1天的基礎代謝量才50kcal……

1年後相差18,250kcal

體脂肪量約減少2.5kg！

※ 減少1kg體脂肪需消耗7,200kcal。

▶ 肌肉增加的話外表看起來緊實 〔圖2〕

即使體重相同，脂肪多看起來就鬆垮。肌肉多的人身體曲線凹凸有致，看起來顯瘦。

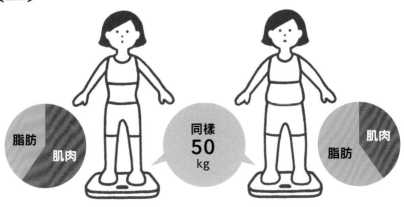

脂肪

肌肉

同樣 **50** kg

肌肉

脂肪

06 減少食量的減重容易變胖？

原來如此！ 身體會將能量不足判斷成**生命危機**。
發動**防衛本能**，形成易胖體質！

食量減少的話，身體為了補足能量會消耗體脂肪，於是體重便會下降。然而，這只是最開始。正在慶幸「變瘦了」的當下，身體正產生「飢荒開始了」的危機感。

控制飲食時連蛋白質的量都降低的話，肌肉的合成會停滯，為了補充不足的能量，只有肌肉的分解持續進行。這對生物而言是緊急狀況，**身體會降低基礎代謝和消耗能量，進入即使能量補給停滯也能存活一段時間的節能模式。**在人類悠長的歷史當中，飢餓已是直接關係到死亡的恐怖事態，因此其對策已經深植於DNA當中。**身體正處於節能模式時，如果回復到之前的食量，很快的就會能量過剩，多餘的份將成為脂肪堆積起來。**每當反覆減重，肌肉量減少、脂肪增加，就會導致變胖〔**圖1**〕。

為了健康地瘦下來，飲食的攝取應留意三大營養素的比例（PFC均衡）〔**圖2**〕。「食量並沒有特別多卻變胖」時，就代表PFC失衡了。

失衡會造成體型走樣

▶ 節食減重會造成復胖〔圖1〕

反覆節食減重的話，身體會進入節能模式以戒備「飢荒」。每當減重時肌肉量也減少，導致基礎代謝量降低，因此會變得難以瘦下來，體重也直線上升。

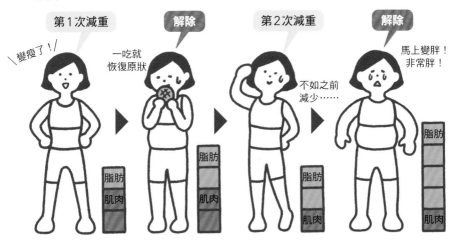

第1次減重　　解除　　第2次減重　　解除

變瘦了！

一吃就恢復原狀

不如之前減少……

馬上變胖！非常胖！

脂肪　肌肉

脂肪　肌肉

脂肪　肌肉

脂肪　肌肉

▶ PFC均衡很重要〔圖2〕

為了健康瘦下來，
P（＝Protein，蛋白質）
F（＝Fat，脂質）
C（＝Carbon，碳水化合物）
的均衡很重要

理想的PFC均衡是蛋白質15％、脂質25％、醣類60％（根據日本厚生勞動省「日本人的飲食攝取基準」），如果要限制醣類攝取，該分量的能量必須確實以蛋白質或脂質補足。

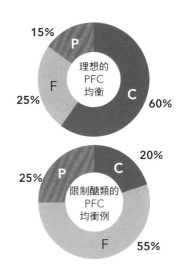

15%
P
F
理想的
PFC
均衡
C
25%
60%

20%
P
C
25%
限制醣類的
PFC
均衡例
F
55%

以前都不知道！健身與蛋白質　第1章

07 所謂的同化代謝和異化代謝是什麼？

原來如此！ 同化代謝是**製造新的肌肉**；
異化代謝是**破壞舊的肌肉**。

之前說過身體的部位每天都在再生（➡ P12），當然肌肉也是每天持續一點一點再生。而每天肌肉的合成、分解都是如何進行的呢？

進食的話，攝取的蛋白質由消化器官分解成胺基酸，血液中的胺基酸便會上升。接著，**由於胺基酸被運送到肌肉，肌肉合成就開始了**；這就稱為同化代謝。然後，隨著時間經過，會變成空腹狀態。**空腹狀態時**，是體內能量漸漸不足的狀態。這時，**為了補足能量，肌肉會被分解**；這就稱為異化代謝。**一天當中，肌肉會不斷重複這個合成（同化代謝）和分解（異化代謝）的過程**〔**圖1**〕。

同化代謝和異化代謝保持平衡的話，肌肉量會維持不變〔**圖2**〕，但據說餐後一旦超過約6小時，異化代謝就會加速。為了不讓合成輸給異化，3餐都吃，不間隔太久、攝取蛋白質很重要。此外，晚上睡覺時持續絕食狀態，肌肉的分解會持續進行。為了解除持續了長時間的分解模式，早餐尤其需攝取較多的蛋白質。白天的話，為了避免能量不足，也要留意適度攝取醣類。

肌肉每天都在替換

▶ 1 天的肌肉合成與分解舉例〔圖1〕

餐前異化代謝占優勢，餐後同化代謝占優勢。肌肉會反覆進行分解與合成。

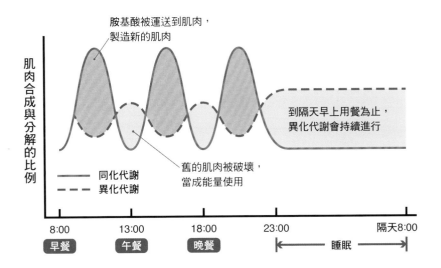

肌肉合成與分解的比例

胺基酸被運送到肌肉，製造新的肌肉

到隔天早上用餐為止，異化代謝會持續進行

舊的肌肉被破壞，當成能量使用

—— 同化代謝
---- 異化代謝

8:00 早餐　13:00 午餐　18:00 晚餐　23:00　隔天8:00　睡眠

▶ 肌肉的增減取決於合成、分解的平衡〔圖2〕

一整天下來同化代謝的比例增加的話，肌肉量就會增加。

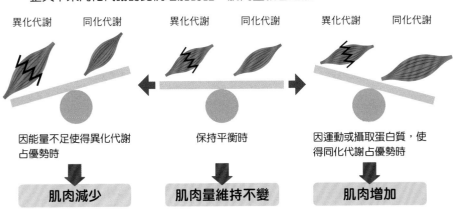

異化代謝　同化代謝　　異化代謝　同化代謝　　異化代謝　同化代謝

因能量不足使得異化代謝占優勢時　　保持平衡時　　因運動或攝取蛋白質，使得同化代謝占優勢時

肌肉減少　　**肌肉量維持不變**　　**肌肉增加**

　以前都不知道！健身與蛋白質　第1章

08 想鍛鍊肌肉！想有效率增肌該怎麼做呢？

原來如此！ 進行**高強度的肌肉運動**後，
攝取**蛋白質、讓肌肉休息**。

身體內每天都在進行肌肉代謝（➡ P24）。要增加肌肉量，就必須讓合成的量大於分解的量。為此，**鍛鍊、蛋白質、休養**這三者缺一不可。

讓肌肉進行高強度的訓練（即所謂的肌力訓練），肌力便會顯著提升。這是由於肌肉具有「治癒損傷的肌肉時，會變得比原先的肌肉更強」的特性，稱為「超回復」。也就是說，肌力訓練是破壞肌纖維的步驟。給予高強度負荷，故意破壞肌纖維（訓練）後，攝取肌肉的原料蛋白質（營養補給），暫時放置（休養）不去造成肌肉負擔，**透過這三者促使身體進入「將損傷的肌纖維修復得比之前更強」的（超回復）模式**〔**右圖**〕。

據說修復損傷的肌纖維需要48～72小時。這段期間即使持續訓練，由於合成趕不上，只有分解會持續進行，故無法增大肌肉。為了有效率地鍛鍊肌肉，訓練後，在肌肉超回復之前必須充分休養。還有，為避免肌肉修復速度減緩，充分攝取蛋白質也很重要。

▶ 訓練、營養補給、休養為一組

肌力訓練後，充分補給蛋白質以及休養的話，肌肉合成就會占優勢。

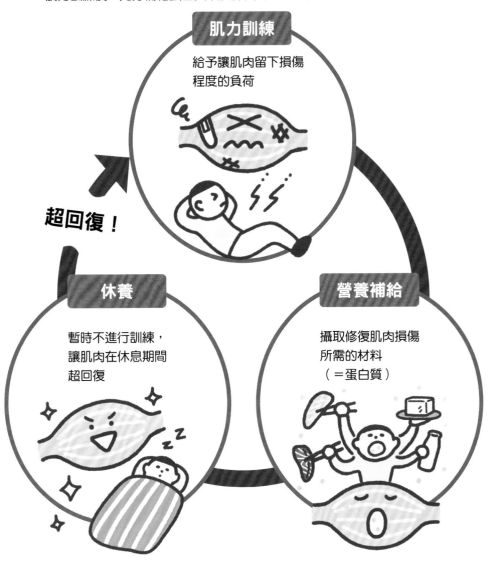

肌力訓練

給予讓肌肉留下損傷程度的負荷

超回復！

休養

暫時不進行訓練，讓肌肉在休息期間超回復

營養補給

攝取修復肌肉損傷所需的材料（＝蛋白質）

027

以前都不知道！健身與蛋白質 **第1章**

09 肌力訓練時的經典飲食 為什麼是雞胸肉？

原來
如此！越是脂質少**易消化的蛋白質**，
越能有效率增長肌肉！

為什麼會說「肌力訓練時要攝取高蛋白低脂的食物」呢？

我們所吃下的蛋白質並不是原封不動地變成肌肉，而是被分解為胺基酸吸收，再組成肌肉（➡ P62）。這就表示，就算吃再多蛋白質，如果無法順利消化吸收，也無法製造肌肉。相反的，**蛋白質的消化吸收率越高，越能有效率地製造肌肉。**

比起植物性蛋白質，動物性蛋白質的吸收率較高。以肉類來說，豬肉和牛肉這些紅肉雖然都是高蛋白，但是脂質多的話，消化就很花時間。以最高標準達到高蛋白、低脂這個條件的，就是雞胸肉〔**圖1**〕。

此外，雞胸肉的蛋白質含有豐富的咪唑二肽（Imidapeptide），咪唑二肽可以緩和造成疲勞的氧化壓力，具有消除疲勞的效果。

只不過，持續吃相同東西的話營養會失衡。建議參考將消化吸收率納入考量的蛋白質評價指標DIAAS（消化必需胺基酸分數）（➡ P112），多方攝取各種食材。使消化更順暢，效率就會更加提升〔**圖2**〕。

▶ 吸收率較高的是動物性蛋白質〔圖1〕

吃下去的蛋白質有多少會被人體吸收因食品而異。

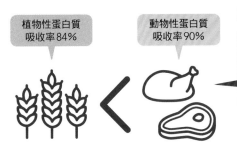

植物性蛋白質
吸收率84%

動物性蛋白質
吸收率90%

黃豆以及小麥等食物所含的植物性蛋白質，人體吸收率約84%。而蛋、肉、牛奶等食物所含的動物性蛋白質，據說吸收率達90%以上。

主要肉類的蛋白質量與脂質量

肉的種類 （100g）	蛋白質 （g）	脂質 （g）
雞胸肉 （去皮）	23.3	1.9
雞翅	23.9	0.8
豬里肌肉 （瘦肉）	22.7	5.6
豬肩胛肉 （瘦肉）	20.9	3.8
牛肩肉 （瘦肉）	20.2	12.2
菲力牛肉	19.1	15.0

出處：日本文部科學省
　　　日本食品標準成分表2020年版

▶ 有助消化順暢的技巧〔圖2〕

先了解有益消化的食用方法，效率更加提升。

軟化食物
烹煮前，事先將肉用鹽麴或醬油麴醃漬過的話，蛋白質被分解，消化會較為順暢。當然，仔細咀嚼也很重要。

和能促進吸收的營養素一起食用
維生素C和維生素B$_6$有助於胺基酸分解與合成，因此和蛋白質一起攝取，可以提高吸收效率。

10 蛋白質不需擔心攝取過量嗎？

原來如此！ 如果**不是極大量攝取就沒關係**。
首先要思考足夠與否！

　　雖然蛋白質是維持健康所不可或缺的，但還是很在意攝取過量會有何影響。

　　也有人說蛋白質攝取過量對腎功能會有不良影響，但日本厚生勞動省的「日本人的飲食攝取基準（2020年版）」當中指出，「無明確根據顯示健康的人多吃會有不良影響」，**也並未設定「不能吃超過這個量」的數值。**有腎臟疾病的人必須注意避免攝取過量，但如果是健康的人，以自己所需的蛋白質量（➡ P98）為基準，只要不是持續極端過度攝取的生活，並不需要擔心蛋白質攝取過量。

　　只不過，**如果大量食用脂質含量高的肉類，會熱量超標**而導致肥胖，**消化時也恐怕會增加內臟的負擔。**攝取蛋白質時，比起分量，更需留意避免失衡。

　　然而，各位知道，根據日本厚生勞動省每年進行的「國民健康、營養調查」，日本人的蛋白質攝取量有減少的傾向〔右圖〕嗎？**與其擔心攝取過量，似乎還是先想想是否攝取不足比較好呢。**

▶ 日本人的蛋白質攝取量變遷

隨著日本人平均一天的蛋白質攝取量降低，也可以看出體型的變化。

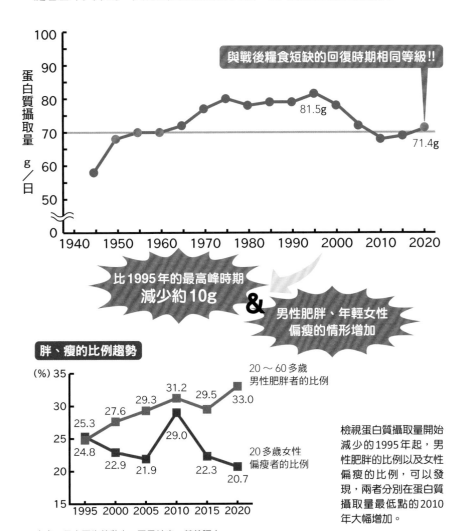

與戰後糧食短缺的回復時期相同等級!!

81.5g

71.4g

比1995年的最高峰時期
減少約10g

&

男性肥胖、年輕女性
偏瘦的情形增加

胖、瘦的比例趨勢

(%) 35

25.3　27.6　29.3　31.2　29.5　33.0

24.8　22.9　21.9　29.0　22.3　20.7

20 ～ 60多歲
男性肥胖者的比例

20多歲女性
偏瘦者的比例

1995　2000　2005　2010　2015　2020

檢視蛋白質攝取量開始
減少的1995年起，男
性肥胖的比例以及女性
偏瘦的比例，可以發
現，兩者分別在蛋白質
攝取量最低點的2010
年大幅增加。

出處：日本厚生勞動省　國民健康、營養調查

Q 持續只吃蛋白質的話 會怎麼樣呢？

| 肌肉增加 | or | 不變 | or | 身體不適 |

蛋白質對身體來說是最重要的營養素，既然這樣，三餐全部只吃蛋白質就好了嗎？

　　所謂的「持續只吃蛋白質」，實際上應該很困難。肉類或魚類含有蛋白質以外的營養素，高蛋白營養品亦然。刻意忽視這一點，**「只攝取蛋白質」的話……，身體當然會出問題。**

　　因為吃下去的蛋白質會在體內被分解成胺基酸，再合成為必需的蛋白質，而這個蛋白質的代謝需要維生素以及礦物質（尤其是維生素

B₆）。也就是說，**如果缺乏維生素或礦物質，即使只攝取蛋白質仍無法被代謝**。蛋白質等於是白攝取了。

那麼，放寬條件，「盡可能避開脂質和碳水化合物，持續只吃高蛋白的肉類」的話又會如何呢？

肉類雖含有以維生素B群為主的豐富營養素，然而，這對身體仍舊是危險的行為。據說過去在南極或北極、美國西部海岸地帶的探險者們，因持續吃兔肉，造成了某方面的營養失調。兔肉脂肪含量少，幾乎都是蛋白質。**極端偏食蛋白質、缺乏其他營養素使得身體陷入了飢餓狀態**。這被稱為「兔子飢餓症」，甚至可能致死。

雖然我們平常吃的家畜肉類被飼養成脂肪含量較高，但野生動物的脂肪很少〔**下圖**〕。「兔子飢餓症」是極端的例子，食用含有脂肪的肉類時，狀況可能又不一樣。然而，不論如何，「只吃蛋白質」人類是無法生存下去的。

肉類含有的脂肪量（可食用部位每100g）

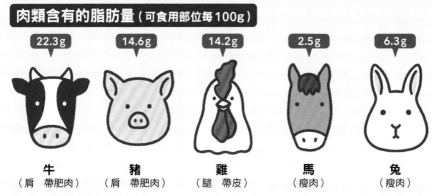

22.3g	14.6g	14.2g	2.5g	6.3g
牛	豬	雞	馬	兔
（肩　帶肥肉）	（肩　帶肥肉）	（腿　帶皮）	（瘦肉）	（瘦肉）

出處：日本文部科學省
　　　日本食品標準成分表2020年版

以前都不知道！健身與蛋白質 **第1章**

11 蛋白質不足的話會怎麼樣呢？

原來如此！ 蛋白質不足會引起**各種不適症狀**，
年長者尤其需**注意肌少症**！

　　和所有身體機能息息相關的蛋白質如果不足的話，會引起各種身體不適。除了**慢性疲勞，肩膀僵硬、腰痛、腹瀉、手腳冰冷、水腫、貧血**等等，也都有可能是蛋白質不足所引起的。如果心裡有底，不妨先重新檢視飲食的內容。

　　此外，各位知道「**肌少症**」這個詞嗎？這個詞的意思是肌肉量減少及機能衰退。蛋白質不足就會導致「肌少症」。肌肉量減少的話，身體機能會衰退，也容易提高心肌梗塞或腦中風、糖尿病的風險。

　　尤其是年長者的肌少症，再加上因年齡增長所導致的肌肉量減少，食慾不振，沒有攝取足夠的飲食，導致加速惡化。這個負連鎖稱為「衰弱循環」〔**圖1**〕，最終還可能變得長期臥床。

　　而更可怕的是，肌少症正在不知不覺當中進展。在飽食的時代，即使以為吃得很足夠，但還是被認為蛋白質不足（➡ P31）；實際上處於營養失調狀態的人還不少。建議不要忽視肌少症的徵兆〔**圖2**〕，並記得適度運動、留意飲食當中蛋白質的攝取。

蛋白質不足會導致身體機能衰退

▶ 縮短壽命的肌少症〔圖1〕

不知不覺中經歷好幾次「衰弱循環」，最終達到肌少症。

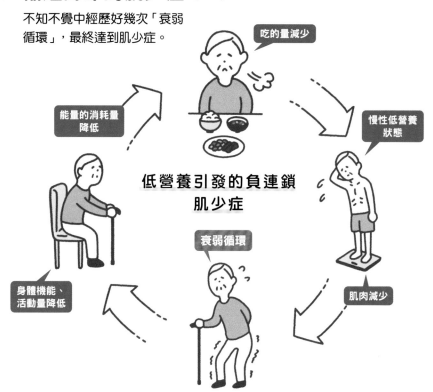

低營養引發的負連鎖
肌少症

吃的量減少

能量的消耗量降低

慢性低營養狀態

身體機能、活動量降低

衰弱循環

肌肉減少

▶ 肌少症的徵兆〔圖2〕

符合以下的人有可能是肌少症。

☑ 小腿漸漸變細

☑ 走路變慢，綠燈來不及過行人穿越道

☑ 抓握力變弱，無法握住物品

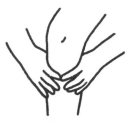

用拇指和食指圍成一圈，抓住小腿最粗的部分，如果手指可以互碰到就是肌少症高危險群。

12 攝取蛋白質的話會比較好睡？

原來如此！ 構成神經傳導物質的蛋白質，是**提高睡眠品質**的要素之一。

睡眠和荷爾蒙、自律神經、深層體溫（身體深處的體溫）等好幾個要素都息息相關。因此，無法簡單地用「攝取蛋白質的話會比較好睡」一句話帶過。不過，感情或情緒、**左右睡眠的腦內神經傳導物的原料就是蛋白質**，因此蛋白質確實和睡眠相關。

與睡眠相關的蛋白質當中最重要的就是**褪黑激素**。褪黑激素也被稱為「睡眠荷爾蒙」，它會透過降低脈搏、體溫、血壓，調整睡眠與覺醒的節律，促進順利入睡及清醒。褪黑激素的原料是食物的蛋白質當中所含的色胺酸。色胺酸會被運送到腦部形成血清素，之後慢慢隨著時間經過，於夜晚轉換成褪黑激素。照射陽光可以促進血清素的分泌，因此為了讓晚上睡得好，早餐時攝取含有色胺酸的蛋白質，以及充分曬太陽〔**右圖**〕是必要的。

其他已知有助於提升睡眠品質的蛋白質由來物質，還有降低深層體溫的**甘胺酸**、幫助抑制神經迴路興奮作用的**GABA**等等。

蛋白質在<u>腦部</u>也進行著重要的工作

▶ 腦部分泌的睡眠荷爾蒙的原料也是蛋白質

攝取的蛋白質如下圖在腦部運作。

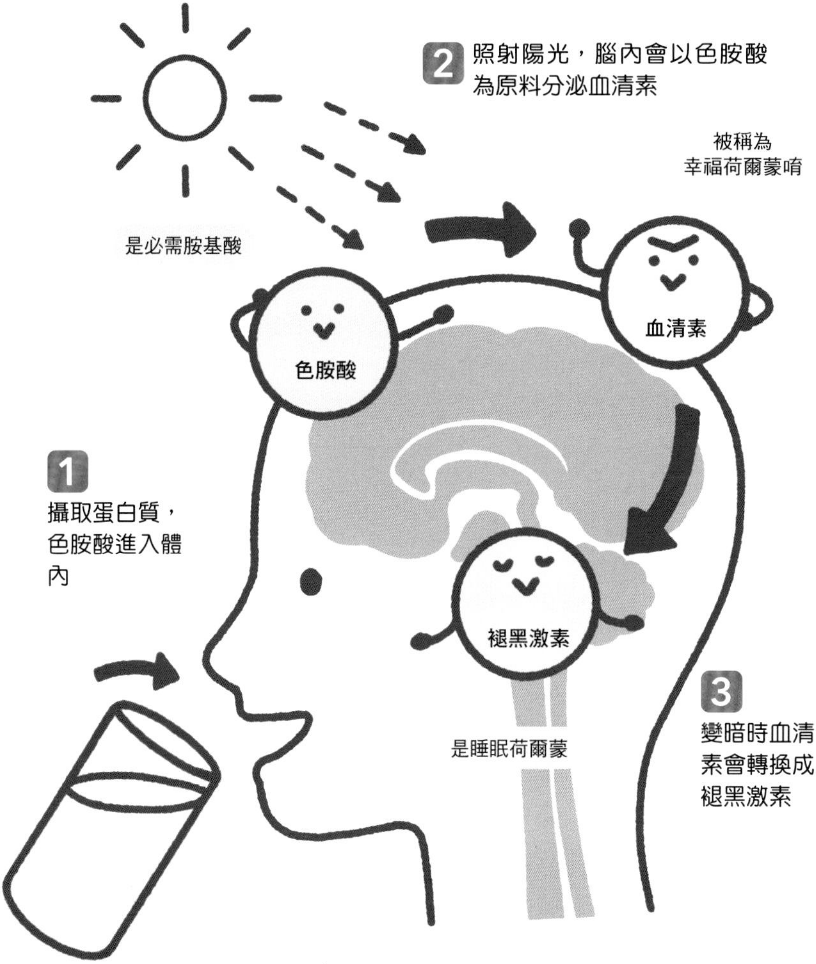

2 照射陽光，腦內會以色胺酸為原料分泌血清素

被稱為
幸福荷爾蒙唷

是必需胺基酸

血清素

色胺酸

1 攝取蛋白質，色胺酸進入體內

褪黑激素

3 變暗時血清素會轉換成褪黑激素

是睡眠荷爾蒙

據研究，色胺酸含量高的食物有豆腐、納豆、味噌等黃豆製品，以及乳酪、牛奶、優格等乳製品，但兼顧主食、主菜、配菜等等，保持均衡飲食的話，就能攝取到所需的色胺酸。為了讓晚上睡得好，早上充分曬太陽，事先儲備足夠的色胺酸很重要。

13 美肌的祕訣是攝取蛋白質勝過精華液？

原來如此！ 構成肌膚的**膠原蛋白也是蛋白質**。
蛋白質不足就無法打造健康的肌膚。

提到有益肌膚的東西，大家都知道膠原蛋白、維生素C。各位知道這個膠原蛋白其實就是蛋白質嗎？**膠原蛋白是以胺基酸為原料在體內合成的一種蛋白質。**而在合成時不可欠缺的就是維生素C。

膠原蛋白存在於骨骼、皮膚、血管、肌腱等各種臟器當中，**在肌膚則是富含於表皮之下的組織、真皮，產生肌膚的彈力**〔**右圖**〕。原本是整齊排列，但如果因年齡增長或蛋白質不足而損壞，就會形成皺紋或鬆弛。試圖透過精華液從這個失序的真皮外側提供膠原蛋白，雖然短時間保濕效果可期，可惜仍無法回復肌膚內部的組織。**想擁有健康的肌膚，食用蛋白質以幫助膠原蛋白合成可能還比較有效。**

那麼，透過食品攝取膠原蛋白對肌膚有用嗎？吃下去的膠原蛋白會在體內被分解為胺基酸，因此並不會直接到達肌膚。不過，在細胞實驗等等當中，發現了以2個或3個相連的胺基酸形式進入血液中的膠原蛋白。雖然吃下去的膠原蛋白本身並不會儲存到體內，但由於可以做為胺基酸的補給，因此似乎並非完全無效。

美麗的肌膚也從蛋白質而來

▶ 膠原蛋白整齊有序的話肌膚就光滑

看看肌膚的構造就可以知道，膠原蛋白支撐著肌膚的彈力、緊實。

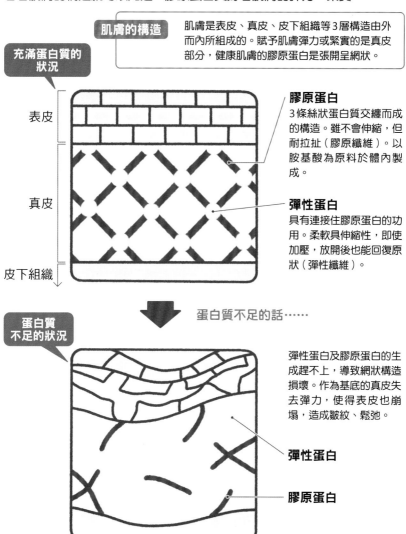

肌膚的構造

肌膚是表皮、真皮、皮下組織等3層構造由外而內所組成的。賦予肌膚彈力或緊實的是真皮部分，健康肌膚的膠原蛋白是張開呈網狀。

充滿蛋白質的狀況

表皮

真皮

皮下組織

膠原蛋白
3條絲狀蛋白質交纏而成的構造。雖不會伸縮，但耐拉扯（膠原纖維）。以胺基酸為原料於體內製成。

彈性蛋白
具有連接住膠原蛋白的功用。柔軟具伸縮性，即使加壓，放開後也能回復原狀（彈性纖維）。

蛋白質不足的話……

蛋白質不足的狀況

彈性蛋白及膠原蛋白的生成趕不上，導致網狀構造損壞。作為基底的真皮失去彈力，使得表皮也崩塌，造成皺紋、鬆弛。

彈性蛋白

膠原蛋白

14 不只是身材變好!? 肌肉激素是什麼?

原來如此! 肌力訓練能分泌具有各種健康效果的
超級荷爾蒙「**肌肉激素**」!

有很長一段時間，肌肉的功能被認為只有支撐身體、產生動作。然而，最近幾年的研究證實了肌肉會分泌各種荷爾蒙。

據研究，**肌肉分泌的荷爾蒙多達30種以上，總稱為「肌肉激素」**。令人吃驚的是，它的效果從改善脂肪的分解到糖分代謝的調節，這些由新陳代謝症候群所引起的各種症狀，到改善憂鬱症、活化免疫、抑制癌症、預防失智症等等，**各式各樣的健康效果可期**。

那麼，要怎麼增加它的分泌量呢？**肌肉激素會因肌肉的收縮而分泌**。也就是說，透過肌力訓練等等積極活動可以促進其分泌〔**右圖**〕。只不過，一次運動當中分泌的量有限，因此比起努力從事劇烈的肌力訓練一天，持續每天進行動作緩和的慢速訓練來得較為有效。

此外，配合肌力訓練攝取蛋白質也很重要。蛋白質不足導致肌肉量減少的話，肌肉激素的分泌也會減少。

▶ 每天要充分動一動能自己活動的肌肉

肌肉激素並非只有特定的肌肉，全身的肌肉都會分泌。會喘的程度即可，不妨每天從事活動肌肉的運動。

推薦肌肉面積大的大腿訓練。

運動

健走或伸展等，運動負荷較輕的即可。

肌肉收縮就會分泌肌肉激素！

順著血流送到全身發揮多種效果

肌肉激素的功效

- 抑制憂鬱及不安
- 預防、改善心臟疾病
- 改善肝功能
- 提高胰臟的機能
- 提高免疫力
- 預防、改善糖尿病
- 降低腦中風的風險
- 預防阿茲海默型失智症
- 改善動脈硬化
- 改善高血壓
- 提升骨質密度
- 降低癌症發病率

15 蛋白質也能強健骨骼嗎？

原來如此！ **骨骼的基礎是膠原蛋白（＝蛋白質）。蛋白質能製造有韌性而堅固的骨骼。**

　　雖然骨骼給人的印象是「鈣質」、「堅硬」，但其實**骨骼體積的50%是由膠原蛋白所構成的**，不只堅硬，還兼具吸收衝擊的韌性。如果將骨骼的構造比喻為鋼筋水泥建築的話，膠原蛋白就是鋼筋，鈣質扮演的角色就是中間填補的堅硬水泥。

　　常聽說「骨質密度」高的話骨骼就堅固，但骨質密度測量的是骨骼所含的鈣質量。實際上骨質密度數值高的人也可能容易骨折，而其中的原因被認為是膠原蛋白的品質低落。**骨骼的強度不只與鈣質的量相關，和骨骼的鋼筋 —— 膠原蛋白的品質也密不可分。**攝取蛋白質對於維持膠原蛋白的品質，乃至於強健骨骼息息相關。

　　骨骼每天都會一點一點再生。蝕骨細胞破壞老化的骨頭、成骨細胞緊接著在該處生成新的骨頭，以這樣的循環進行骨骼代謝〔**右圖**〕。生成骨頭時，如果膠原蛋白不足的話，基礎變得脆弱不說，生成骨頭的作用（骨形成）趕不上破壞骨頭的作用（骨吸收），骨骼便會變得空空洞洞。

蛋白質對於骨骼的強度、形成也很重要

▶ 骨骼代謝的機制

要生成堅固的骨骼，鈣質與蛋白質都是不可或缺的。

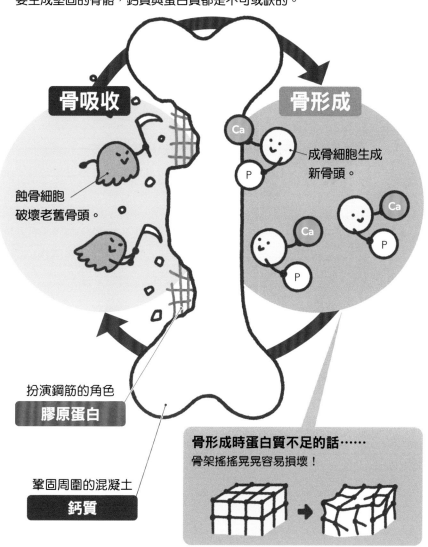

骨吸收

蝕骨細胞
破壞老舊骨頭。

骨形成

成骨細胞生成
新骨頭。

扮演鋼筋的角色
膠原蛋白

鞏固周圍的混凝土
鈣質

骨形成時蛋白質不足的話⋯⋯
骨架搖搖晃晃容易損壞！

16 為什麼到了中高齡體型就會改變？

原來如此！ 肌肉量的巔峰是 **20 多歲**！
其後也維持**同樣的生活無法保持肌肉量**。

上了年紀體型會改變。這是因為**肌肉隨著年齡減少的緣故。肌肉減少的話基礎代謝就會降低**，所以和年輕時一樣飲食的話，當然會變胖。再加上如果肌肉的平衡變差，**姿勢也會跟著變差。**

為什麼肌肉會隨著年齡減少呢？在成長期即使什麼都不做，肌肉也會持續增長，到了 20 多歲到達顛峰。一旦過了 40 歲，肌肉就會開始慢慢減少，超過 60 歲的話，減少的幅度更大 [**右圖**]。其中的原因是上了年紀，**肌肉合成的反應會降低**的緣故。和年輕時期攝取相同的蛋白質量並不足夠；**如果沒有隨著年紀增長攝取更多的蛋白質，將無法維持肌肉合成的平衡。**女性的話，由於在 40～50 多歲時，抑制肌肉分解的荷爾蒙分泌量會減少，因此肌肉更容易減少。

上了年紀的話，要增加肌肉很難，光靠運動要消耗掉熱量也不容易。要減緩肌肉量的減少、降低體脂肪，必須從飲食與運動兩者雙管齊下。建議重新檢視飲食的總熱量以及 PFC 均衡（➡ P22），並長期持續運動，即使輕量也無妨。

▶ 年紀別　肌肉量的變化

男性和女性肌肉量的巔峰都是20～40歲。70歲起大幅度減少。

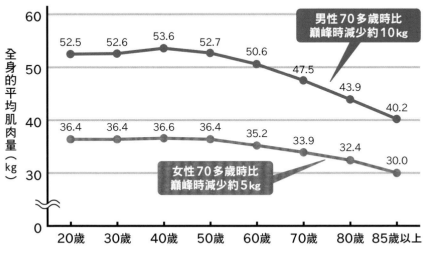

男性70多歲時比巔峰時減少約10kg

女性70多歲時比巔峰時減少約5kg

出處：參考日本老年醫學會雜誌47,52-57,2010製作而成

以部分來看的話……

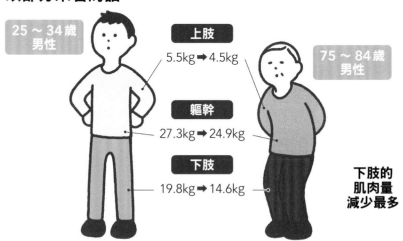

25～34歲男性

75～84歲男性

上肢
5.5kg➡4.5kg

軀幹
27.3kg➡24.9kg

下肢
19.8kg➡14.6kg

下肢的肌肉量減少最多

17 愈來愈多年輕人罹患肌肉減少的肌少症!?

 不能光靠外表判斷！
隱性肌少症很危險。

　　一般很容易以為肌肉合成活躍的年輕一輩和肌肉減少的肌少症（➡P34）沾不上邊，但其實**「隱性肌少症」正在增加**。不妨以體重和身高計算而成的BMI（Body Mass Index／身體質量指數）檢視自己的身體狀況〔**圖1**〕。BMI的數值低於20的人就要注意肌少症。

　　在日本，20多歲的女性每5個人就有1人BMI未滿18.5，這個異常狀況已經持續了長達10年以上。**年輕女性過瘦是嚴重的問題**（➡P31）。年輕女性如果有肌少症的話，也會影響未來出生的新生兒。未能從母體獲得足夠營養的嬰兒會成為低出生體重兒（未滿2,500g），形成營養貪婪的簡約體質，因此特別需注意幼兒肥胖（➡P152）。

　　此外，近年來BMI或體重無法判斷的**「肌少型肥胖」**也被視為問題。所謂的肌少型肥胖是肌肉量減少、脂肪相對增加的狀態。也就是說，**即使外表看起來標準，但身體內呈現脂肪比例比肌肉多的狀態。**肌少型肥胖雖然不是疾病，但罹患慢性疾病的風險據說比起單純的肌少症或單純的肥胖來得高。利用也能測量肌肉量或體脂肪率的體組成計等等檢視身體的狀況是非常重要的〔**圖2**〕。

檢查是否可能有隱性肌少症

▶以身體質量指數確認！〔圖1〕

BMI＝[體重（kg）]÷[身高（m）的平方]

建議算出BMI值，留意自己的體格。

BMI值	判定
未滿18.5	體重過輕（瘦）
20以下	低營養傾向※
18.5～未滿25	標準體重
25以上	肥胖

有肌少症的危險！

※「低營養傾向」是「健康日本21（第二次）」政策當中，將需照護及總死亡風險在統計學上顯著性增高作為重點而設定。

※BMI的計算公式為全世界共通，但肥胖的判定基準每個國家各異。上面是日本肥胖學會的判定基準。

▶肌少型肥胖檢查！〔圖2〕

雖然從外觀難以判斷，不過如果以下2個做不到可能就有危險。

Check1 能單腳站著穿襪子嗎？

做不到的人可能是
肌少型肥胖！

Check2 能不靠手臂單腳從椅子上站起來嗎？

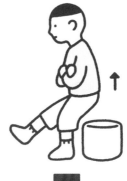

做不到的人可能是
肌少型肥胖高危險族群!?

到了80歲時無法自己站起來的
可能性很高！

以前都不知道！健身與蛋白質 第1章

18 聽說肉食是長壽的祕訣，是真的嗎？

原來如此！

肉類既**高蛋白**又可以鍛鍊**咀嚼力**，
是上了年紀更該多吃的食品。

　　為了健康長壽，最重要的營養素是蛋白質。而且為了維持肌肉量，**年長者更是需要大量攝取蛋白質。**根據資料顯示，蛋白質攝取不足會加速老化，使得壽命縮短〔**圖1**〕。除此之外也發現，攝取較多蛋白質的年長者，相較於攝取較少的年長者，**發生身體障礙的頻率較低。**

　　在一項詢問100歲以上健康的人3天飲食內容的調查中（2019年Q'SAI公司調查），便得以一窺長壽的理想飲食〔**圖2**〕。用餐總數900餐當中，攝取蛋白質的飲食比例約占9成，同時也發現，一餐當中會食用2項以上蛋白質含量高的食物。就食品而言，蛋、豆腐、牛奶等等排行名列前茅，似乎沒有必要特別侷限於肉食吧……。

　　那麼，肉食有助於長壽嗎？一向被視為會提高動脈硬化風險的牛肉或豬肉脂肪裡所含有的**花生四烯酸**，近來被發現可能有助於**改善失智症。**此外，為了維持健康長壽，用自己的牙齒充分咀嚼很重要。肉類除了含有優良蛋白質，也可以說是蘊藏了延年益壽效果的食品。

蛋白質是延年益壽最重要的營養素

▶ 蛋白質不足會縮短壽命〔圖1〕

血液中的白蛋白數值是蛋白質不足的指標，數值高與數值低的人8年的累積存活率有很大的差異。

血清白蛋白與存活率

白蛋白為肝臟合成的蛋白質之一，是表現是否充分攝取蛋白質的營養基準。觀察年長者的血液白蛋白數值，研究結果顯示數值越低存活率越低，失智症的發病風險也增加。

出處：日本東京都健康長壽醫療中心研究所

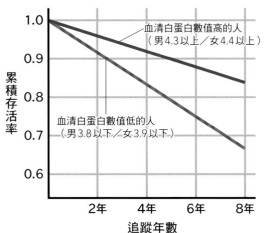

血清白蛋白數值高的人
（男4.3以上／女4.4以上）

血清白蛋白數值低的人
（男3.8以下／女3.9以下）

累積存活率

2年　4年　6年　8年

追蹤年數

▶ 延年益壽的理想飲食……〔圖2〕

長壽者的飲食有2個共通點。

80%以上
和其他人一起
用餐

89%以上
飲食中有
攝取蛋白質

詢問100歲以上健康的人3天飲食的蛋白質攝取狀況，89.9%回答有攝取蛋白質（沒有用餐、或是沒有攝取蛋白質的為10.1%）此外，數據也顯示有8成以上和其他人一起用餐。

※2019年Q'SAI公司調查

以前都不知道！健身與蛋白質　第1章

Q 人類的肌肉有可能練得 比大猩猩更粗壯嗎？

| 可能 | or | 不可能 |

攝取蛋白質、進行肌力訓練，正想說「長肌肉啦！」之際，如果旁邊出現了一隻大猩猩……，或許會對彼此差距之大感到震驚人類也有可能把肌肉鍛鍊成大猩猩等級嗎？

類人猿當中最大的大猩猩擁有發達的肌肉、充滿魄力的身體。人類的肌肉也能變得這麼粗壯嗎？在某種意義上也許可以說「可能」。最高等級的健美選手，外觀看起來粗壯的程度毫不遜色。

然而，從肌力的角度來思考的話，很遺憾的，兩者相差之懸殊，拿來比較根本是自不量力。成年的公猩猩握力推估有400～500kg。

相較之下，人類（日本人）成年男性的平均握力為46～48kg左右。職業摔跤手或大力士這類力氣傲人的人也才100kg上下。**人類再怎麼努力鍛鍊也沒辦法像大猩猩這麼有力。**

再加上大猩猩並沒有為了練成如此強韌的肌肉而進行訓練，也沒有為此食用蛋白質；話說回來大猩猩是草食性動物。那為什麼大猩猩的肌肉會變得如此發達呢？推測是拜共生於大猩猩腸內的細菌所賜。草食性動物為了消化植物而具有很長的腸子，腸內的各種細菌會分解植物、形成能量。推測**大猩猩的腸道內也有很多細菌共生共存，它們會消化植物、製造蛋白質。**但是為何即使什麼都不做就能維持肌肉呢？其機制還是未知。

就結果而言，**人類「不可能」變成大猩猩般的肌肉體質。**不過，其實有一處是勝過大猩猩的地方，那就是屁股的肌肉（臀大肌）〔右圖〕。這可以說是雙腳步行的成果。

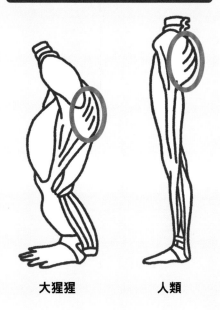

大猩猩與人類的臀大肌

大猩猩　　　　　人類

以前都不知道！健身與蛋白質 第**1**章

19 兒童的成長
與蛋白質的關係為何？

**原來
如此！** 養成身體和心理的蛋白質
是孩子**成長**所不可或缺的物質

　　不用說，作為骨骼與肌肉材料的蛋白質，對於身體正在發展時期的兒童來說是「超級」重要的營養素。

　　而不只是身體，兒童的心理成長也「超級」重要。其實蛋白質對於兒童的心理成長也非常有幫助。**安定精神的血清素、引發喜悅及意願的多巴胺**等物質都是由蛋白質所構成的。攝取蛋白質可以讓腦部運作的神經傳導物質保持均衡，**穩定睡眠的節律以及情緒。**

　　那麼，最好該攝取多少量呢？必需量隨著年齡增長，小學6年級生所需要的蛋白質是1年級生的1.6倍〔**圖1**〕。由於兒童很容易只吃米飯或麵包肚子就被填飽，建議以飲食熱量的13～20%為基準，考量能攝取到蛋白質的菜單。

　　尤其需要注意的營養素是促進生長激素分泌的精胺酸。精胺酸是可於體內合成的非必需胺基酸，但嬰幼兒或兒童還不能充分合成。建議**成長期多給予精胺酸含量高的食品（雞肉、黃豆、鮪魚等等）**〔**圖2**〕。此外，不只是蛋白質，也別忘了讓他們攝取合成骨骼必需的維生素D、鈣質、鋅。

蛋白質對兒童也超重要！

▶ 兒童必需的蛋白質量（每天）〔圖1〕

可以將下表當成基準，重新檢視孩子的飲食。

	男孩		女孩	
	推估平均必需量	建議量	推估平均必需量	建議量
1～2歲	15g	20g	15g	20g
3～5歲	20g	25g	20g	25g
6～7歲	25g	30g	25g	30g
8～9歲	30g	40g	30g	40g
10～11歲	40g	45g	40g	50g
12～14歲	50g	60g	45g	55g
15～17歲	50g	65g	45g	55g

※推估平均必需量是半數的人達到必需量的量，建議量是指滿足幾乎所有人的量。
※各年齡的目標量都是攝取熱量的13～20%。
出處：日本厚生勞動省　日本人的飲食攝取基準（2020年版）

▶ 含有精胺酸的食物〔圖2〕

肉類、魚類、豆類中也含有豐富的精胺酸。

黃豆
2700mg

雞胸肉
1500mg

鮪魚
1300mg

鰻魚
1100mg

建議於晚餐攝取 生長激素大約在晚間10點～凌晨2點之間會大量分泌，因此建議有意識地將這些食物納入晚餐。

※可食部分每100g的含有量
出處：日本文部科學省　日本食品標準成分表2020年版

20 為什麼嬰兒只喝母奶就能健康長大？

原來如此！ 支撐最大成長期的母乳當中，
含有豐富的**機能性蛋白質**。

　　成人飲食不均衡的話身體會出問題，但嬰兒大約1整年都只喝母乳或牛奶卻能健康長大，這是為什麼呢？

　　嬰兒出生1年後體重增加至3倍，身高也增加25cm。支撐著如此驚人的成長的母乳當中，除了三大營養素以外，還含有均衡的維生素、礦物質和荷爾蒙、酵素等等。再加上也含有母體製造出來的抗體成分及提高免疫力的成分，能保護新生兒不生病。

　　接下來，要矚目的是在母子免疫當中扮演重要角色、名為**乳鐵蛋白**的蛋白質。人類的母乳中所含有的乳鐵蛋白比例遠比馬奶或牛奶來得高〔**圖1**〕。或許也可以說，**人類的新生兒能夠慢慢成長是拜乳鐵蛋白所賜。**

　　這個乳鐵蛋白也是有助於成人維持健康的「多功能蛋白」而受到矚目〔**圖2**〕。它有從壞菌手中奪取鐵質、削弱其勢力的功能，可預防、改善貧血，提高免疫力，促進身體機能回復，具有抑制自體免疫疾病（結締組織疾病或類風濕性關節炎）惡化等等效果。改善新陳代謝症候群等慢性疾病的效果近來也頗受期待。

多功能蛋白的乳鐵蛋白很厲害

▶ 牛奶與人類的母乳成分比較〔圖1〕

每公升的蛋白質含量雖然是牛奶比較多，但乳鐵蛋白的含量則是母乳較高。

出處：日本乳鐵蛋白學會官網

	乳鐵蛋白 0.2g/l	
牛奶	乳清　　　酪蛋白	蛋白質 29g/ℓ
母乳	乳清　酪蛋白　蛋白質 11g/ℓ	
	乳鐵蛋白 2g/l	

母乳的蛋白質約有10～30%是乳鐵蛋白。
人工奶粉有些也會添加乳鐵蛋白。

▶ 乳鐵蛋白的作用〔圖2〕

乳鐵蛋白如下圖在體內運作。

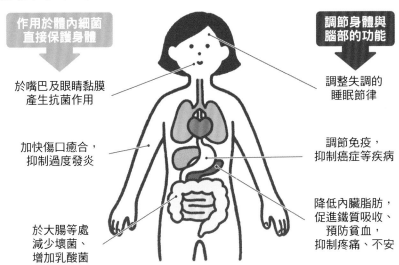

作用於體內細菌 直接保護身體

於嘴巴及眼睛黏膜 產生抗菌作用

加快傷口癒合， 抑制過度發炎

於大腸等處 減少壞菌、 增加乳酸菌

調節身體與 腦部的功能

調整失調的 睡眠節律

調節免疫， 抑制癌症等疾病

降低內臟脂肪， 促進鐵質吸收、 預防貧血， 抑制疼痛、不安

21 蛋白質
與心理有關嗎？

原來如此！ 和情緒相關的**神經傳導物質**原料是胺基酸。
蛋白質不足會使情緒變得不穩定。

　　腦部有無數的神經細胞正以飛快的速度交換資訊，產生情緒及思考。這時運作的就是神經傳導物質。當中引發喜悅或意願的**多巴胺**、帶來驚訝或興奮的**去甲腎上腺素**、穩定情緒的**血清素**也發揮了重要的功能〔**圖1**〕。

　　多巴胺、去甲腎上腺素、血清素的原料是無法於體內合成的**必需胺基酸**，因此如果飲食中的蛋白質攝取停滯，就無法製造出所需的量，而導致神經傳導物質失衡〔**圖2**〕。如此一來，將變得為一點小事就心煩不已，或為不安、煩躁所苦。最近蛋白質不足所引起的這些失調，**被認為是憂鬱或思覺失調症、焦慮症等發病的原因之一**。因此蛋白質對於心理也有密不可分的關係。

　　心理狀況不佳的人的飲食，似乎有「偏重米飯或麵包、麵類等醣類，蛋白質、鐵質、維生素B群不足」的傾向。此外，為了確實吸收食物的營養，腸道環境也很重要。腸道內細菌平衡以及飲食均衡，都有助於心理的平衡。

傳達情緒的物質也是由蛋白質構成的

▶ 和情緒相關的主要神經傳導物質種類〔圖1〕

據說人類腦部的神經傳導物質約有100種。具代表性的為以下6個。

由必需胺基酸製成的物質		由非必需胺基酸製成的物質	
多巴胺	作用於喜悅、快樂、意願。原料是胺基酸的苯丙胺酸。	**GABA**（γ-胺基丁酸）	抑制交感神經活性及興奮。由麩胺酸構成。
去甲腎上腺素	作用於恐懼、緊張、驚訝、興奮、不愉快。原料是胺基酸的苯丙胺酸。	**麩胺酸**	作用於認知、記憶、學習。
血清素	可穩定精神。原料是胺基酸的色胺酸。	**甘胺酸**	抑制交感神經的活性。

▶ 神經傳導物質的製成方法〔圖2〕

分解蛋白質所製成的胺基酸加上礦物質，就成了各具特性的神經傳導物質。

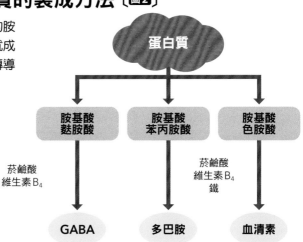

蛋白質

胺基酸 麩胺酸	胺基酸 苯丙胺酸	胺基酸 色胺酸

菸鹼酸 維生素B₄

菸鹼酸 維生素B₄ 鐵

GABA | **多巴胺** | **血清素**

在減重上備受矚目的游離胺基酸
卡尼丁

　　組成人體的蛋白質是由20種胺基酸所構成的。但也存在著不形成蛋白質的胺基酸，這就是游離胺基酸。卡尼丁是游離胺基酸之一，是備受運動員或減重人士矚目的一種胺基酸。

　　1905年，俄國化學家在肉汁當中發現了卡尼丁（carnitine）。這個名字也是由拉丁文中代表肉的意思的「carnis」一詞而命名的。1980年莫斯科奧運時，因義大利隊將卡尼丁當成營養補充品服用而獲得好成績，卡尼丁從此一炮而紅。

　　卡尼丁主要的功能在於將溶出於血液中的脂肪輸送到肌肉細胞內的粒線體。粒線體能以脂肪為原料製造能量。也就是說，脂肪能夠轉換成能量，卡尼丁發揮了很大的作用。運動時攝取的話，便可以將體脂肪當成能量來源有效率地活用。

第**2**章

原來如此！ 淺顯易懂

蛋白質的
運作機制

雖然了解了蛋白質是身體所不可或缺的物質，
但話說回來，蛋白質是什麼形狀，
又發揮了什麼作用呢？
接著就來一探我們體內每天生產出來的蛋白質其真面目。

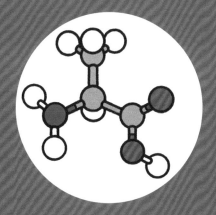

22 話說回來，蛋白質是什麼樣的物質？

原來如此！ 是**胺基酸**以**繩狀**連接在一起的物質。
繩子變化為各種形狀，發揮作用。

探究蛋白質的真實面貌會發現，其最基本的源頭是胺基酸，**是數十個到數千個胺基酸以繩狀連接在一起的物質。**這個繩子有的彎彎曲曲、有的變成螺旋狀，而捲成圓球狀的就是蛋白質〔**右圖**〕。

乍看之下，蛋白質看似雜亂無章地交纏在一起，但其實是依照一定的規則成形。

蛋白質的立體構造的最小單位是 α 螺旋（α-helix）和 β 摺板（β-sheet）2種。所有的蛋白質都是由這兩種最小單位與其他部分組合而成的。血液中含有的血紅素是 α 螺旋形成的蛋白質、免疫球蛋白是 β 摺板形成的蛋白質。其他還有 α 螺旋和 β 摺板兩者都含有的物質（α＋β 蛋白），或是重複交錯成的物質（α/β 蛋白）等等，光是基本結構就多達數萬以上。**複雜地摺疊起來，可以做成圓球狀或繩索狀、管狀等形狀，變成身體的零件發揮功效。**

蛋白質的尺寸僅有數nm，如果將人類的身高視為地球直徑的話，蛋白質就是乒乓球到棒球大小。人體內聚集了超乎想像的微小而又數量龐大的蛋白質。

蛋白質的真面目是繩子!?

▶ 蛋白質是什麼形狀

各式各樣，這裡介紹當中具代表性的形狀。

\這種形狀！/

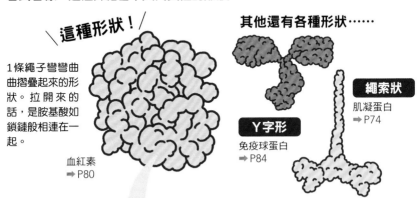

1條繩子彎彎曲曲摺疊起來的形狀。拉開來的話，是胺基酸如鎖鏈般相連在一起。

血紅素
➡P80

其他還有各種形狀……

Y字形

免疫球蛋白
➡P84

繩索狀

肌凝蛋白
➡P74

將它拉直的話……
會變成一根由胺基酸連在一起的繩子

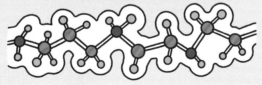

一級
結構

蛋白質製造過程中，首先胺基酸會排成一列組成長長的繩子，這就稱為一級結構。長長的繩子會自然形成二級結構的形狀。

二級
結構

α 螺旋

胺基酸的繩子捲成右旋的螺旋狀物質。

β 摺板

胺基酸的繩子摺疊成平面的物質。

三級
結構

將二級結構組合起來構成立體。結合三級結構而成、形狀更加複雜的就是四級結構。大多數蛋白質到三級結構為止總算能單獨發揮作用。

23 吃下的食物是如何變成蛋白質的呢？

原來如此！ 會被**分解**成蛋白質的最小單位**胺基酸**後再**合成**。

從肌肉、皮膚、毛髮、內臟及血管到荷爾蒙及酵素，蛋白質正在人體的各個地方運作。那麼，從嘴巴攝取進來的蛋白質又是如何到身體各部位被運用呢？

首先，從嘴巴送往**胃**的蛋白質會被名為胃蛋白酶的消化酵素**切斷胺基酸鏈**，接著，在**十二指腸**被胰液中所含的胰蛋白酶、胰凝乳蛋白酶等消化酵素將**胺基酸鏈再切得更小後**，送往小腸。**小腸**所分泌的肽酶會將蛋白質分解成**2～3個胺基酸連接的狀態**（胜肽）。蛋白質被分解至此，才變成被**人體吸收的狀態**〔**右圖**〕。

從小腸吸收的胺基酸會透過微血管輸送至全身的細胞，接著細胞內會以送來的胺基酸為原料再製造出新的蛋白質。提到細胞，它是構成我們的身體最小的物質。據說人體是由約60兆個細胞所構成的。在這一個個細胞當中，每天正透過巧妙的系統製造出蛋白質（➡請參考蛋白質劇場Ⅰ～Ⅳ）。

被消化酵素分解、再合成

▶ 食物變成蛋白質的過程

吃下去的蛋白質的胺基酸鏈會漸漸被切斷，分解成胜肽或胺基酸，跟著血液運送到全身。

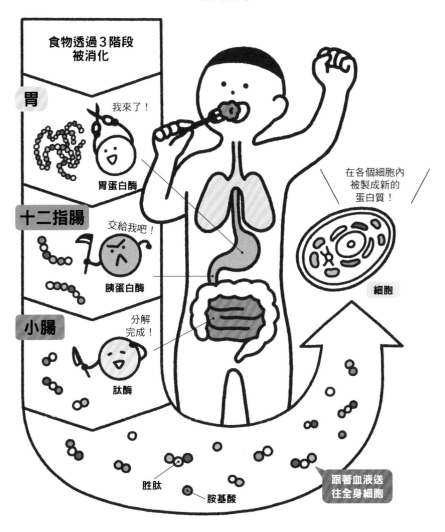

食物透過3階段被消化

胃

我來了！

胃蛋白酶

十二指腸

交給我吧！

胰蛋白酶

小腸

分解完成！

肽酶

在各個細胞內被製成新的蛋白質！

細胞

胜肽

胺基酸

跟著血液送往全身細胞

24 胺基酸有幾種呢？

原來如此！

只靠著 **20 種**胺基酸，
製造 10 萬種蛋白質。

　　據說構成我們身體的**蛋白質多達5～10萬種**，但是它的來源——**胺基酸卻只有20種**。而**組成胺基酸的原子只有氮、氧、碳、氫、硫等5種**。

　　來看看胺基酸的結構〔 **圖1** 〕。**任何一種胺基酸都是由胺基、羧基、R基團（側鏈）所構成的。** R基團是決定胺基酸性質的物質，20種每個都各不相同。胺基酸和胺基酸相連形成蛋白質的時候，也是受R基團性質的影響。例如，具有不親水性質的R基團的胺基酸們連接在一起的話，該部分對水有排斥性，會變得容易往內側摺疊。蛋白質的立體結構就是由R基團所決定的。

　　蛋白質是由數10個到多達1萬個胺基酸連結而成的。胺基酸彼此之間將胺基、羧基當成手臂般使用，以各種序列相連在一起。透過去掉胺基酸的1個胺基的氫

　　原子和1個羧基的羥基（氫氧基），以名為**胜肽合成**的方式連結在一起〔 **圖2** 〕。**透過胜肽合成，胺基酸如同鎖鏈般連結在一起，這就是蛋白質。**

胺基酸的特性由R基團決定

▶ 胺基酸的構造〔圖1〕

胺基酸的構造分為胺基、羧基、R基團。

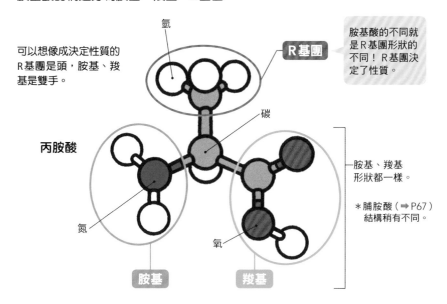

可以想像成決定性質的R基團是頭，胺基、羧基是雙手。

氫

R基團

胺基酸的不同就是R基團形狀的不同！R基團決定了性質。

碳

丙胺酸

胺基、羧基形狀都一樣。

＊脯胺酸（➡ P67）結構稍有不同。

氮

氧

胺基

羧基

▶ 胺基酸的連接方式（胜肽結合）〔圖2〕

去掉1個羧基的羥基和1個胺基的氫原子之後，手牽手。

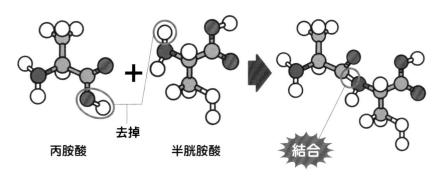

丙胺酸

去掉

半胱胺酸

結合

▶ 必需胺基酸

指無法於體內合成，故必須從食品中攝取的9種胺基酸。

纈胺酸（Val）
在肌肉產生能量時使用

白胺酸（Leu）
促進肌肉長大

異白胺酸（Ile）
代謝肌肉能量、
消除疲勞

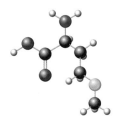

甲硫胺酸（Met）
減輕過敏的搔癢

色胺酸（Trp）
為腦內神經傳導物質，
可穩定情緒

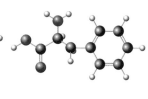

苯丙胺酸（Phe）
為神經傳導物質的原料，
可穩定情緒

蘇胺酸（Thr）
促進代謝、
防止肝脂肪累積

離胺酸（Lys）
用於酵素等物質的生成

組胺酸（His）
調節神經
（兒童無法合成）

▶ 非必需胺基酸

具有可從分解糖的過程中等等於體內合成之特性。

胺基丙酸（Ala）
代謝醣類、能量來源

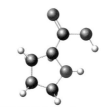

脯胺酸（Pro）
構成、修復膠原蛋白

甘胺酸（Gly）
構成膠原蛋白，
與睡眠相關

絲胺酸（Ser）
肌膚保濕、活化腦部

半胱胺酸（Cys）
毛髮中含量多，
可抑制黑色素生成

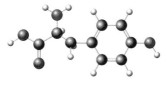

酪胺酸（Tyr）
由苯丙胺酸所生成，
會成為神經傳導物質

天門冬醯酸（Asn）
協助能量代謝

麩胺酸醯胺（Gln）
強化肌肉

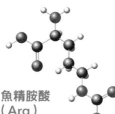

**魚精胺酸
（Arg）**
促進生長

天門冬胺酸（Asp）
協助礦物質吸收

麩胺酸（Glu）
化學調味料當中含有的
鮮味成分

●	＝氧
●	＝氮
○	＝氫
●	＝碳
●	＝硫

25 DNA上刻的是蛋白質的製作方法!?

原來如此！ 胺基酸按照DNA的設計圖排列，製作成蛋白質。

人體內有多達60兆以上個細胞，上面全都存在著DNA（去氧核糖核酸）。DNA被稱為「製造人體的設計圖」，但實際上刻了什麼樣的資訊呢？ DNA上其實刻了胺基酸如何連結的資訊，也就是**關於製作蛋白質的資訊。**

人類的DNA是由4個鹼基（弱鹼性化學物質）所構成，DNA的資訊就是依照它們的序列來表示〔**右圖**〕。如果把DNA上所刻的資訊量化為文字，據說約是30億個文字、等於書籍3萬冊以上。當然，這些並非全部都是製作蛋白質的資訊。或許各位會感到意外，據說在這些龐大的資訊當中，98％是與生命活動無關的東西，**而剩下的2％才是製作蛋白質的資訊。**即使僅僅只有2％，如果關係著生命活動的資訊全部與蛋白質有關的話，可見蛋白質是多麼重要的東西。

DNA的鹼基序列99.9％每個人都是相同的。剩下僅僅0.1％程度的不同，產生出頭髮或眼睛的顏色等外觀上的特徵、容易罹患疾病之類的體質這些每一個人的不同個性。

蛋白質的設計圖寫在DNA上

▶ DNA是什麼東西？

蛋白質是在細胞內製成的。製作蛋白質的設計圖（DNA）摺疊在細胞核裡的染色體裡面。

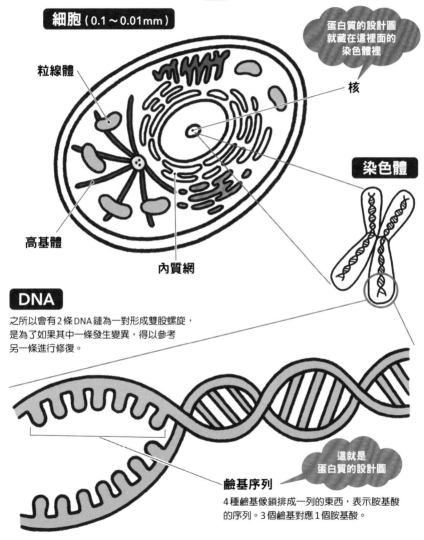

細胞（0.1～0.01mm）

粒線體

高基體

內質網

> 蛋白質的設計圖就藏在這裡面的染色體裡

核

染色體

DNA

之所以會有2條DNA鏈為一對形成雙股螺旋，是為了如果其中一條發生變異，得以參考另一條進行修復。

> 這就是蛋白質的設計圖

鹼基序列

4種鹼基像鎖排成一列的東西，表示胺基酸的序列。3個鹼基對應1個胺基酸。

從胺基酸到蛋白質之路

由蛋白質組成的「蛋白子」之比喻來介紹。

大家好！我是蛋白子☆

蛋白子

雖然借用了人類的外表，但真正的外表長得像這樣☆

Q彈♡

可以從小小的**胺基酸**變成**蛋白質**，都是靠各位的協助呢～

首先，搬運工 **mRNA**（信使核糖核酸）先生幫忙從「**核**」這個保險箱複製**蛋白質的設計圖**（DNA）帶走。

DNA

↓ **轉錄**

mRNA

信使核糖核酸

tRNA（轉移核糖核酸）帶我到 mRNA 先生等著的
蛋白質合成工廠（核糖體）。

加油喔♥

核糖體

success!

轉移核糖核酸

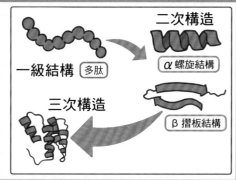

在核糖體工廠內
依照設計圖連接起來，
變成一條**多肽**。

然後，
再被摺疊好幾次，
終於成了現在這個樣子。

一級結構 [多肽]

二次構造
α 螺旋結構

β 摺板結構

三次構造

以時間來看，
雖然是**幾十分鐘發生的事**，
卻感覺好漫長呢～

不過，因為**設計圖上只有寫序列**，
所以有時也會搞錯摺疊方法、
偏離正軌。

沒錯，要是沒有那個人的話，
我現在早就……

未完·78頁待續

26 身體中最多的蛋白質是什麼？

原來如此！ 關係身體整體構造的**膠原蛋白**，占了蛋白質的**30%**。

人體是由60%的水分、20%的蛋白質所構成的。而**這些蛋白質當中，約有30%是膠原蛋白**。體重如果是50kg，蛋白質就是10kg，這其中有3kg是膠原蛋白。

提到膠原蛋白，印象多半是皮膚。不過，不只是皮膚，它還支撐著**骨骼、軟骨、肌腱、韌帶、眼角膜、血管壁等全身的構造**〔**圖1**〕。

像這種塑造身體形狀的蛋白質就稱為**「結構蛋白質」**。膠原蛋白可謂是結構蛋白質的代表。

而至於這個膠原蛋白的形狀，是3條胺基酸的繩子交纏而成的細長繩索狀。再將這些繩索集結起來形成「膠原纖維」，就成了支撐骨骼構造的材料〔**圖2**〕。有些則會和其他蛋白纖維組成網狀構造，形成像堅固的布，以支撐細胞。

和具有柔軟性的膠原蛋白相反，也有些蛋白質是靠硬度在支撐或保護身體，那就是角蛋白。它是構成角質層或指甲、毛髮的蛋白質，為結構蛋白質之一。

塑造身體形狀的膠原蛋白

▶ 在體內運作的膠原蛋白〔圖1〕

除了皮膚以外，膠原蛋白也在各個地方工作著。

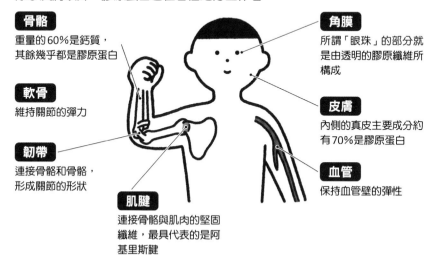

骨骼
重量的60%是鈣質，
其餘幾乎都是膠原蛋白

軟骨
維持關節的彈力

韌帶
連接骨骼和骨骼，
形成關節的形狀

肌腱
連接骨骼與肌肉的堅固
纖維，最具代表的是阿
基里斯腱

角膜
所謂「眼珠」的部分就
是由透明的膠原纖維所
構成

皮膚
內側的真皮主要成分約
有70%是膠原蛋白

血管
保持血管壁的彈性

▶ 膠原蛋白的形狀〔圖2〕

多肽鏈（胺基酸相連成繩子的狀態）的螺旋是左旋的，但3條緊黏在一起形成膠原蛋白分子時是右旋螺旋。這樣的構造產生了膠原纖維的強度。

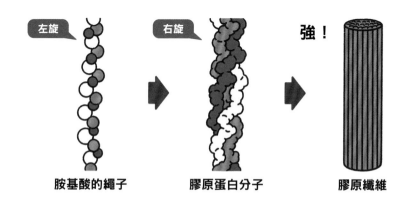

左旋　　　　右旋　　　　強！

胺基酸的繩子　　**膠原蛋白分子**　　**膠原纖維**

27 肌肉是由什麼蛋白質所構成的呢？

原來如此！ 肌凝蛋白和肌動蛋白這兩種蛋白質，產生了伸縮性。

活動手臂或腿的運動，是透過肌肉伸縮來進行。負責這個**收縮、放鬆運動的就是作為肌肉材料的2種蛋白質 —— 肌凝蛋白和肌動蛋白。**

首先，來說明肌肉的構造。可以依照自己的意思活動的骨骼肌，是成束的細長肌原纖維所構成。而構成肌原纖維的則是肌凝蛋白和肌動蛋白。

肌凝蛋白是T字型蛋白質，長長繩索狀的末端有2個像是手臂般的物質，許多肌凝蛋白集結起來組成了肌凝纖維。而肌動蛋白是圓形的，好幾個連在一起便形成細長繩索狀的肌動纖維。這2個纖維有規律地交錯排列，就構成了**肌原纖維**。

肌原纖維的收縮、放鬆正是靠肌凝蛋白和肌動蛋白共同合作。**肌肉收縮時肌凝蛋白的「手臂」緊貼著肌動蛋白，把肌動纖維拉過來。當肌凝蛋白滑入肌動蛋白之間，整體就收縮起來。而肌凝蛋白一放開肌動蛋白，肌肉就放鬆開來**〔**右圖**〕。

就像這樣，透過交錯排列的纖維滑動，使得交疊的部分長度產生變化，而進行伸縮。

負責收縮、放鬆運動的<u>肌凝蛋白</u>和<u>肌動蛋白</u>

▶ 肌肉的構造

肌肉是透過一束束的肌原纖維收縮、放鬆而活動。

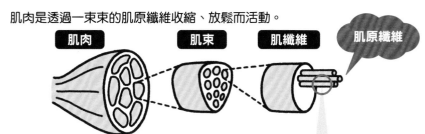

肌肉　　　肌束　　　肌纖維　　　肌原纖維

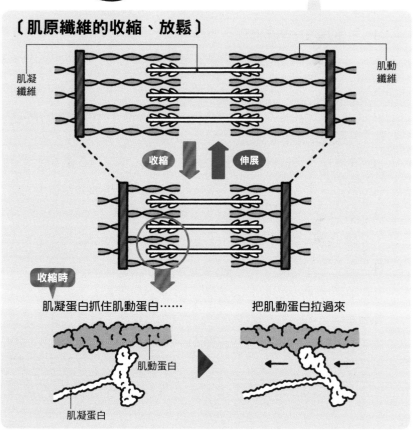

〔肌原纖維的收縮、放鬆〕

肌凝纖維　　　　　　　　　　　　　　　　肌動纖維

收縮　伸展

收縮時

肌凝蛋白抓住肌動蛋白……　　　　　　把肌動蛋白拉過來

肌動蛋白

肌凝蛋白

28 「美味」的真面目!?
味覺與蛋白質的關係為何？

舌頭表面的**受體蛋白**，
會捕捉味道分子。

「甜」、「鹹」、「美味」等等，我們感覺味道的系統，也不能缺少蛋白質。

負責感覺味道的是位於舌頭表面名為**味蕾**的器官。味蕾聚集了50～100個**味覺細胞**。味覺細胞是梭狀的，運作方式是其中一端伸到舌頭表面接收味道分子，再由另一端連接的神經細胞將味道訊息傳送到腦部〔**右圖**〕。這時**負責接收味道分子的就是蛋白質。是一種稱為「受體蛋白」的物質。**

基本味覺有甜味、苦味、鹹味、酸味、鮮味等5種，受體蛋白接收的有「甜味」、「苦味」、「鮮味」，各自有專用的受體蛋白。而「鹹味」和「酸味」的系統則稍有不同，是食物釋放的離子從離子通道（味覺細胞表面的洞）進入，傳達味覺訊息。而離子通道也是蛋白質。

順帶一提，視覺和光受體蛋白、嗅覺和嗅覺受體蛋白這些蛋白質有關。舉例來說，人類透過眼睛看以品賞餐點，並享受香氣和味道，這些感覺全部都由蛋白質所掌控。

感覺味道的蛋白質

▶ 感覺味道的是哪裡？

大量分布於舌頭上的味蕾這個
器官上的味覺細胞負責感覺。

味蕾

舌頭表面

構成味蕾的味覺細胞運作
方式是1個味覺細胞基本
上偵測1種味道。

味覺細胞

味道分子

甜味、苦味、鮮味的味
道分子由受體蛋白接
收。

鹹味、酸味是藉由離子
從離子通道進入而感
受。

離子

受體蛋白

甜味、苦味、鮮味各自
有專用的受體蛋白，接
收了味道分子後就將訊
號傳遞給神經細胞。

離子通道

離子通道也是蛋白質。
鹹味是由鈉離子通道的
蛋白質來感受、酸味是
由氫離子通道的蛋白質
來感受。

神經細胞

蛋白質的監護角色·分子伴護蛋白

有蛋白質會引導不安定時期的蛋白子回到正軌。

我是**分子伴護蛋白**。
我的工作是照顧蛋白子小姐，
以免她往錯誤的方向生長。

HSP70

HSP60

我是監護人

分子伴護蛋白

蛋白子小姐要正確地摺疊起來才能獨當一面，
但年輕的時候（多肽的時期）很不穩定，
常常和其他同伴（多肽）結合，偏離正軌。

蛋白子小姐～

超麻煩的～
就是啊～

為了避免如此，
我們會**好好保護**她。

HSP70

蛋白子小姐
請到這邊來！

什麼嘛！

無法阻止時也會將她
隔離讓她洗心革面。

HSP60

你一定可以
重新來過的！

我知道了啦⋯⋯

重新
摺疊成功！

蛋白子小姐好好摺疊之後，
我們的工作就結束了。

加油喔～！

謝謝～伴護蛋白，
我會努力工作的～

未完・**88頁待續**

29 有蛋白質的工作是搬運嗎？

原來如此！

不管細胞內還是細胞外，
搬運工蛋白質都大顯身手。

蛋白質在體內負責各式各樣的工作，**當中也有蛋白質的工作是搬運行李。**

最具代表性的，就是存在於血液中的紅血球裡、稱為**血紅素**的蛋白質。它會乘著血液把**氧氣**運送到身體的各個角落。血紅素是由胺基酸的繩子和4個名為血基質的平坦分子結合在一起所組成〔**圖1**〕。

而細胞內也有搬運工。其中之一就是名為**致動蛋白**的蛋白質。不同於乘著血流移動的血紅素，**致動蛋白是分解ATP（腺苷三磷酸）作為能量，可以自行移動的蛋白質。**細胞內分布著如同道路般的物質，稱為微管（微管也是蛋白質）。致動蛋白就如同行走在上面般移動，運送製作出來的蛋白質等等〔**圖2**〕。

致動蛋白在腦部的神經細胞內也負責搬運「受體蛋白」（➡ P76），但近來也發現它不只是搬運，還具有控制受體量的作用。雖然以搬運為工作的蛋白質其功能還是未知數，但可以推測它們與各種生命活動都有相關。

搬運工蛋白質們

▶乘著血流運送的血紅素〔圖1〕

血紅素帶有4個血基質，1個血基質會緊貼1個氧氣將之運送。

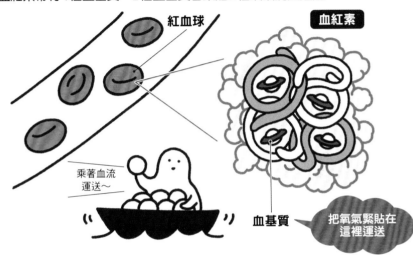

紅血球

血紅素

乘著血流
運送～

血基質

把氧氣緊貼在
這裡運送

▶在細胞內遊走的致動蛋白〔圖2〕

將製作出來的蛋白質
或細胞小器官
運送到工作地點。

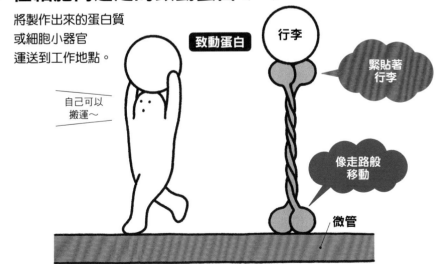

致動蛋白

行李

自己可以
搬運～

緊貼著
行李

像走路般
移動

微管

30 將分子切斷或連接的也是蛋白質嗎？

以**酵素**的形式，
在體內引發各式各樣的**化學反應**。

　　人體是由碳原子及氧原子等等所連接成的分子所組成的。消化或吸收、呼吸、排泄等等各種生命活動的背後，正在發生分子相連接形成大分子、或是切斷分子這些化學反應。**酵素是幫助這些化學反應有效率發生的蛋白質。**據說體內**約有5,000種酵素**，1個酵素只負責1項工作，就像專家一般〔**圖1**〕。

　　舉例來說，將吃進體內的蛋白質分解成胺基酸的**胃蛋白酶**和**胰蛋白酶**（➡ P62），就是將分子切碎的消化酵素。唾液裡也含有稱為**澱粉酶**的消化酵素，葡萄糖將好幾萬個相連的米飯的長分子（澱粉）切碎。

　　此外，**酒精分解酵素**可以將會引發頭痛或嘔吐的毒性物質乙醛轉換成無害的物質。其他各個內臟、器官乃至於細胞內，也都有各式各樣的酵素活躍於其中，控制著生命活動〔**圖2**〕。

　　只不過，酵素也有弱點，就是在高溫或強酸的環境下無法作用。如同蛋加熱會凝固、加醋會分離一樣，蛋白質具有受到高溫或酸的影響，立體結構便會損壞的特性。酵素之所以會受溫度或酸鹼值影響，也是由於它是蛋白質的緣故。

酵素在體內引發化學反應

▶ 酵素各司其職
〔圖1〕

1個酵素只能引發1項反應。酵素表面有只和特定物質結合的凹凸，只會和剛剛好契合的對象引起化學反應、使物質產生變化。

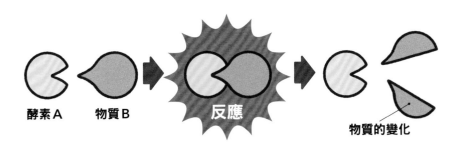

酵素A　　物質B　　　　反應

物質的變化

▶ 各種酵素的功能〔圖2〕

位置	酵素名	功能
血液	凝血酶	血管受傷時，凝固血液以止血。
嘴巴	澱粉酶	將澱粉分解為麥芽糖。除了唾液，胰液中也含有澱粉酶。
肺	碳酸酐酶	協助透過呼吸將二氧化碳運出細胞外。
胃	胃蛋白酶	將蛋白質分解變小。
十二指腸	胰蛋白酶	將蛋白質分解變小。
肝臟	酒精分解酵素	分解酒精。胃、腸、腎臟裡也有。
	過氧化氫酶	透過呼吸將細胞內產生的有毒物質以超高速解毒。
細胞內	DNA聚合酶	DNA雙股螺旋的其中之一缺少鹼基時加以修復。
	ATP合成酶	將食物中所含有的熱量轉變為生物可以利用的能量來源（ATP）。

原來如此！淺顯易懂蛋白質的運作機制 第2章

31 如何阻止細菌的攻擊？作為免疫的功能

以汗水和眼淚所含的**殺菌酵素防禦**、入侵體內的細菌就用**抗體捕捉**。

　　保護身體不受細菌或病毒侵襲的機制稱為免疫。人類具備的免疫為「防禦」和「攻擊」的2個階段系統。

　　首先，由鼻子或眼睛、嘴巴等處的黏膜防禦不讓病毒進入體內。防禦免疫力如果夠強，病毒就無法入侵體內。當病毒突破防禦入侵體內時，血液中的抗體會找出病毒加以攻擊。不論是防禦或攻擊，蛋白質也都活躍於其中〔**右圖**〕。

　　舉例來說，鼻水或眼淚中含有一種稱為**「溶菌酶」**的酵素。溶菌酶這種蛋白質會附著在細菌的細胞壁上，**將比自己大好幾倍的細菌分解成碎片**。而血液中的抗體也是蛋白質，稱為**「免疫球蛋白」**。免疫球蛋白的工作是**找出入侵的細菌將之抓住**。它會包圍細菌，隱藏有毒的部分、使之無毒化，再交給幫忙吞食細菌的吞噬細胞。此外，幫助抗體攻擊細菌的**「補體」**也是蛋白質。補體不分細菌或病毒，只要偵測到有異物入侵就會自動發揮作用，但抗體（免疫球蛋白）則是配合過去曾感染過的特定病原體而製成的物質，具有非常強的抵抗力。

2 階段的防禦系統運作中

▶ 保護身體的蛋白質之功能

主要透過 2 階段的系統保護著身體。

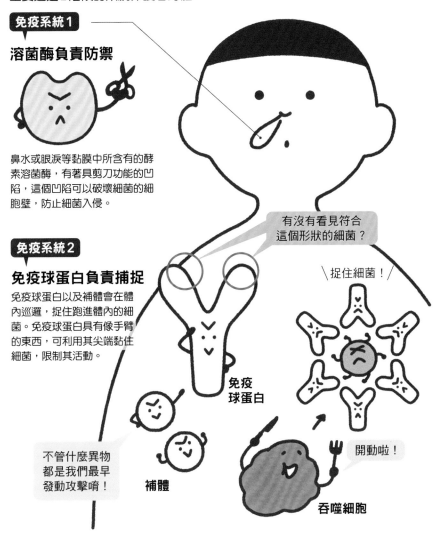

免疫系統 1

溶菌酶負責防禦

鼻水或眼淚等黏膜中所含有的酵素溶菌酶，有著具剪刀功能的凹陷，這個凹陷可以破壞細菌的細胞壁，防止細菌入侵。

免疫系統 2

免疫球蛋白負責捕捉

免疫球蛋白以及補體會在體內巡邏，捉住跑進體內的細菌。免疫球蛋白具有像手臂的東西，可利用其尖端黏住細菌，限制其活動。

有沒有看見符合這個形狀的細菌？

捉住細菌！

免疫球蛋白

不管什麼異物都是我們最早發動攻擊唷！

補體

開動啦！

吞噬細胞

32 負責調整身體機能的也是蛋白質？

原來如此！ 許多荷爾蒙，
都是由蛋白質所構成的。

男性荷爾蒙、女性荷爾蒙、生長激素……，常聽到的這個「荷爾蒙」（激素）是什麼呢？

所謂的荷爾蒙（激素）是指**為了維持身體健康而運作的化學物質**；是如同潤滑油般促使身體機能順利運作的物質。荷爾蒙於全身各種器官中製成，據說體內有多達約100種。其中有許多都是由蛋白質所構成的。

荷爾蒙大致可分為**肽類激素、脂質類激素、胺基酸激素**等3種，**其中肽類激素就是來自於蛋白質。**包含生長激素和胰島素，許多激素都是屬於這一類〔**右圖**〕。順帶一提，男性荷爾蒙和女性荷爾蒙是屬於脂質類激素。

蛋白質攝取過少的話，會影響肽類激素的合成。但其實受影響的不只是肽類激素。這是因為**整體荷爾蒙的合成、分解都必須靠蛋白質代謝正常進行。**

荷爾蒙即使是微量增減都會引起身體狀態異常，故需留意蛋白質是否不足。

維持體內恆定功能的荷爾蒙

▶ 主要的肽類激素種類

來自於蛋白質的激素在身體的各個地方運作著。

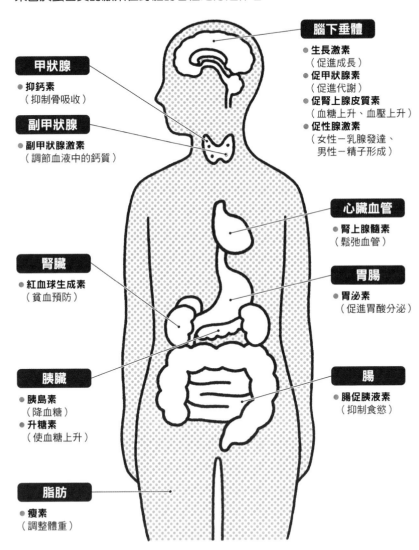

甲狀腺
- 抑鈣素
  （抑制骨吸收）

副甲狀腺
- 副甲狀腺激素
  （調節血液中的鈣質）

腦下垂體
- 生長激素
  （促進成長）
- 促甲狀腺素
  （促進代謝）
- 促腎上腺皮質素
  （血糖上升、血壓上升）
- 促性腺激素
  （女性－乳腺發達、
  男性－精子形成）

心臟血管
- 腎上腺髓素
  （鬆弛血管）

胃腸
- 胃泌素
  （促進胃酸分泌）

腎臟
- 紅血球生成素
  （貧血預防）

胰臟
- 胰島素
  （降血糖）
- 升糖素
  （使血糖上升）

腸
- 腸促胰液素
  （抑制食慾）

脂肪
- 瘦素
  （調整體重）

引領不要蛋白質的泛蛋白

在工作順利的蛋白子面前出現的泛蛋白是……!?

蛋白質**隨時都在替換**。

因為如果不這樣的話，
主要的根源（人體）就
無法存活。

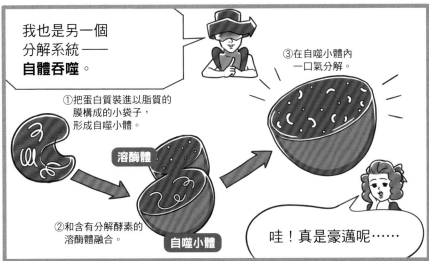

我也是另一個
分解系統——
自體吞噬。

①把蛋白質裝進以脂質的
　膜構成的小袋子，
　形成自噬小體。

溶酶體

②和含有分解酵素的
　溶酶體融合。

自噬小體

③在自噬小體內
　一口氣分解。

哇！真是豪邁呢……

你時候還未到，
還要4個我黏著你才會被分解唷。

我知道了……為了報答大家的恩惠，
我會奮力工作到最後一刻的。

未完·94頁待續

33 體內的蛋白質 3個月幾乎都會替換掉？

體內**正以飛快的速度** 進行蛋白質的**分解、合成**

　　雖然外表看不出來，但體內的蛋白質反覆進行轉換（分解與合成），隨時在替換。

　　轉換的速度因蛋白質的種類不同差異甚大。蛋白質替換一半的量的期間稱為半生期，以臟器或細胞為單位來看的話，據說**肝臟的半生期約為2星期，紅血球為120天、肌肉約為180天**〔**圖1**〕。肌肉和皮膚等部位的蛋白質半生期較長，肝臟及腎臟、心臟等器官的蛋白質半生期較短。令人吃驚的是，帶有大腸菌的蛋白質當中，有些從製成到破壞只維持短短數十秒而已。

　　雖然有如此速度之差異，不過我們體內的蛋白質**1天平均有2～3%會進行再生**。體重60kg的人，蛋白質約10kg，假設1天轉換的蛋白質約180g的話，**那麼大約3個月體內的蛋白質就幾乎替換過了**〔**圖2**〕。

　　此外，越是大型動物轉換越慢，小型動物較快。從肌肉的半生期來看，人類約180天，鼠類約11天。據說這和壽命（鼠類2年、人類80年）有關。

蛋白質透過**轉換**進行替換

▶ 身體的蛋白質半生期〔圖1〕

體內蛋白質的替換時間，會依據各個器官而有所不同。

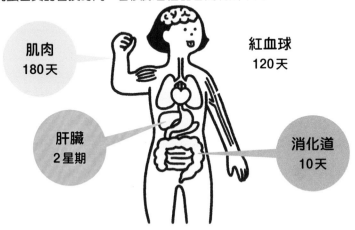

肌肉
180天

紅血球
120天

肝臟
2星期

消化道
10天

▶ 身體的蛋白質全部再生……〔圖2〕

體重60kg的話，
身體蛋白質的替換就如同下圖。

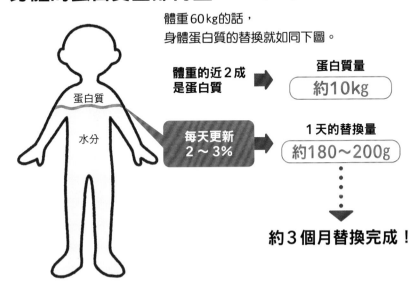

蛋白質

水分

體重的近2成
是蛋白質 ➡ 蛋白質量
約10kg

每天更新
2～3% ➡ 1天的替換量
約180～200g

約3個月替換完成！

34 生病的原因 和蛋白質有關？

原來如此！

蛋白質的**些微變異，**
都是造成**疾病的原因。**

　　蛋白質與疾病，或許是不太能聯想在一起的組合。但如同到目前為止所介紹的，蛋白質和身體的各項機能都息息相關。由於蛋白質未能正常運作而引發疾病，應該是理所當然的。

　　癌症就是一個例子。癌症是基因有損傷，導致無法抑制癌細胞分裂的疾病。然而，基因損傷或發生變異日常都在發生，平常會由抑癌基因馬上進行修復。**會演變成癌症，是由於本來應該聽命於抑癌基因運作的抑癌蛋白無法充分發揮功能所致**〔**右圖**〕。

　　此外，最近針對因**蛋白質摺疊錯誤（Misfolding）所引發的疾病**研究也有了進展。名為類澱粉蛋白的纖維狀蛋白質如果沉積在腦部的黑質，會引發帕金森氏症，而如果同樣的情況發生在海馬體或額葉，則是阿茲海默症。這兩者都是因為蛋白質堆積在腦內，導致神經無法正常運作。而肌肉萎縮症則是製造肌肉所必需的蛋白質之一無法製造，而導致肌力不足的疾病。這也是蛋白質異常所引起的。

疾病是<u>蛋白質變異</u>所引起的

▶ 癌症發病的機制

抑癌蛋白異常導致演變為癌症。

正常的情況

細胞有損傷的話，促進細胞分裂的蛋白質（細胞增殖因子）就會被製造出來，但正常的細胞會製造出抑制它的蛋白質（抑癌蛋白），並去除或修復受傷的細胞。

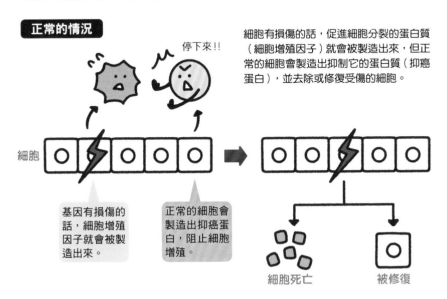

停下來！！

細胞

基因有損傷的話，細胞增殖因子就會被製造出來。

正常的細胞會製造出抑癌蛋白，阻止細胞增殖。

細胞死亡　　　被修復

癌症的情況

變成癌症的情況，是抑癌蛋白未能發揮作用，使得細胞增殖因子增加、損傷的細胞也不斷增加，演變成癌化。

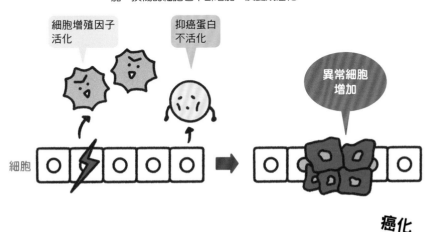

細胞增殖因子活化

抑癌蛋白不活化

異常細胞增加

細胞

癌化

蛋白質劇場 **Ⅳ**

蛋白質的分解與輪迴轉世

身上泛蛋白變多的蛋白子，她的命運會如何呢？

健康、美容、還能成為新冠肺炎對策!?
5-ALA
（5-胺基酮戊酸）

5-ALA是存在於動物及植物等多數生物裡的天然胺基酸。推測它的起源約在36億年前，生命誕生時就存在了。它也被稱為「生命的根源物質」。

人體中，主要是以血基質這個物質的構成成分在運作。血基質是生命活動的關鍵成分，在體內與蛋白質結合，發揮各式各樣的功能。例如成為血紅素將血液運送至全身，又或是成為過氧化氫酶分解活性氧等等。如果沒有製造血基質的5-ALA，人類就無法生存。

這個5-ALA現今被應用於營養補充品、化妝品等各個領域中。當成營養補充品攝取，可以活化製造能源的粒線體。代謝提高，對於預防肥胖、增加免疫力、美容等各式各樣的效果可期。再加上最近的研究顯示，它也有抑制新型冠狀病毒的效果，今後可望越來越受矚目。

第**3**章

如此一來就萬無一失！
蛋白質的
攝取方法

什麼都不管只要拼命吃蛋白質就好了 ——
並不是這麼一回事。
不妨先來了解符合目的的量、
有效果的攝取方法等等。

35 蛋白質要攝取多少比較好？

原來如此！ 大人的話，每1天的最低必需量為
女性50g、男性65g。

在日本厚生勞動省所擬定的每5年更新一次的「日本人飲食攝取基準」當中，訂定了①**「推估平均必需量」**②**「建議量」**③**「目標量」**〔**圖1**〕。①、②是以1天的公克數表示，而③是以占攝取熱量的百分比來表示，或許有點難懂。

例如，以40歲男性的習慣攝取量來思考。**推估平均必需量**是50g，但這是指「平均」，所以意思是如果1天攝取50g蛋白質的話，**因不足而引發健康問題的風險為50%。**而如果依**建議量**中所表示，1天攝取65g蛋白質的話，**風險就降到2.5%。**因此40歲男性的話，可以想成1天的必需量是65g。還有，**目標量是預防慢性疾病的指標。**假設40歲男性1天的攝取熱量為2000Kcal，目標量是其13～20%，換算成蛋白質就是65～100g。也就是說，**建議量是最低攝取量、應攝取達到目標量的蛋白質量。**

因體格或身體活動等級的不同，適當的量也會跟著改變。不妨套用右頁的公式〔**圖2**〕計算看看。

確認蛋白質的必需量

▶ 蛋白質的飲食攝取基準〔圖1〕

因性別、年齡、女性的話因懷孕期、哺乳期,攝取基準也會跟著改變。

年齡(歲)		女性			男性		
		推估平均 必需量 (g)	建議量 (g)	目標量 (%)	推估平均 必需量 (g)	建議量 (g)	目標量 (%)
18～29		40	50	13～20	50	65	13～20
30～49		40	50	13～20	50	65	13～20
50～64		40	50	14～20	50	65	14～20
65～74		40	50	15～20	50	60	15～20
75以上		40	50	15～20	50	60	15～20
孕婦 (追加量)	初期	+0	+0	13～20			
	中期	+5	+5	13～20			
	後期	+20	+25	15～20			
哺乳中(追加量)		+15	+20	15～20			

出處:節錄自日本厚生勞動省　日本人飲食攝取基準(2020年版)

▶ 1天所需蛋白質量的參考基準〔圖2〕

最近的研究發現,關於1天總蛋白質攝取量與肌肉量增加的關聯,「1.3g／kg體重／日」是增加效率的分歧點（ → P101）。不妨以1.3g／kg體重／日為參考基準,思考對自己而言適合的量。

以這個計算出來的數值,是和目標量同等級的攝取量。

$$體重 \boxed{} kg × 1.3g = 1 天所需的蛋白質量 \boxed{} g$$

例)體重60kg的人 → 體重60kg ×1.3g = 1天所需的蛋白質量78g

※ 要維持肌肉量的話,就要以78g左右為目標。已知進行肌力訓練的人,即使超過1.3g／kg體重／日,也不會降低肌肉量增加的效率。當然攝取78g以上也OK。

36 不運動可以增加肌肉嗎？

原來如此！ 研究顯示即使完全不運動，
增加蛋白質攝取量的話肌肉也會增加。

「即使不運動肌肉也會增加」。已有報告指出如此令人欣喜的研究結果。以所謂的統合分析方法，精查、統整過去龐大的研究數據加以綜合再分析進行研究，發現「不論年齡、性別、有無運動習慣、平時的蛋白質攝取量多寡，**增加蛋白質攝取量，肌肉量就會增加**」〔右圖〕。如此一來，將有望抑制肌肉量隨著體重減輕而減少。

以往越是蛋白質攝取量少的人，肌肉量能增加的空間越大。1天的蛋白質攝取量未達每kg體重1.3g的人，如果每天增加每kg體重的0.1g，2～3個月平均可增加肌肉量達390g。也就是說，**如果是體重60kg的人，只需要增加6g蛋白質就能增加肌肉量**，於1天的飲食當中增加1杯牛奶或是1個蛋都可以。當然，攝取更多的話，肌肉量的增加更為可觀。

因肌肉量減少而體力衰退的年長者也一樣，只要在目前的飲食當中稍微增加蛋白質，便有望找回肌肉。

只需增加蛋白質就能增加肌肉量！

▶ 每天的蛋白質攝取量與肌肉量增加

研究顯示即使1天當中只增加每kg體重的0.1g蛋白質，肌肉量也有可能增加。

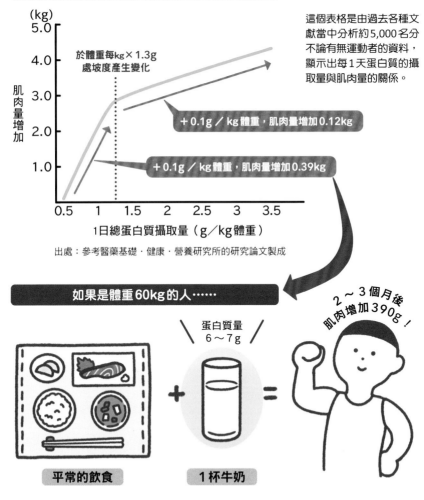

總蛋白質攝取量與肌肉增加的關係

(kg)
肌肉量增加

5.0
4.0
3.0
2.0
1.0

於體重每kg×1.3g
處坡度產生變化

＋0.1g／kg體重，肌肉量增加0.12kg

＋0.1g／kg體重，肌肉量增加0.39kg

0.5　1　1.5　2　2.5　3　3.5
1日總蛋白質攝取量（g／kg體重）

出處：參考醫藥基礎・健康・營養研究所的研究論文製成

這個表格是由過去各種文獻當中分析約5,000名分不論有無運動者的資料，顯示出每1天蛋白質的攝取量與肌肉量的關係。

如果是體重60kg的人……

2～3個月後
肌肉增加390g！

蛋白質量
6～7g

平常的飲食　＋　1杯牛奶　＝

37 早、中、晚，何時攝取蛋白質較好呢？

原來如此！ 蛋白質**無法多吃起來存放**！
建議早中晚**每餐都攝取 20 ～ 30g** 蛋白質。

　　想到早中晚3餐的飲食分配，應該很多人都是晚上吃比較多吧。然而，並不是「晚餐多吃一點蛋白質，就可以補足早餐、午餐不夠的量」〔**圖1**〕。尤其晚餐和隔天早餐相隔很長一段時間，**早餐時，身體是渴求蛋白質的狀態**。建議重新檢視飲食的樣態，於早餐充分攝取可補充蛋白質的食物。

　　為了有效率地攝取，不妨記住蛋白質的以下3個特性。

　　①**蛋白質無法多吃起來存放。**

　　②**一次攝取的量太少的話，肌肉合成無法達到最大化。**

　　③**蛋白質攝取量在30g左右時，肌肉就會停止合成。**

　　（也就是說，即使一次大量攝取也不太有意義）。

　　從這些特性看來，可以說每餐攝取20 ～ 30g蛋白質是最有效率的。大部分的食品包裝上都有標示蛋白質含量，不妨作為參考。此外，如果先記住平常常吃的食材中所含有的蛋白質量，不足的時候就能馬上應變，非常方便〔**圖2**〕。

蛋白質要經常、適量攝取

▶ 蛋白質的攝取方式現狀與理想〔圖1〕

現狀是即使攝取了蛋白質1天的必需量，蛋白質能合成的時間都只剩下晚上而已。為了維持蛋白質一整天皆可合成，理想上每餐都要攝取必需量。

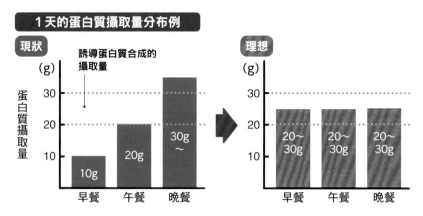

1天的蛋白質攝取量分布例

現狀

誘導蛋白質合成的攝取量

蛋白質攝取量 (g)

早餐 10g
午餐 20g
晚餐 30g～

理想

早餐 20～30g
午餐 20～30g
晚餐 20～30g

▶ 蛋白質20g大約是多少量？〔圖2〕

要透過身邊的食材攝取20g蛋白質，大約需要這些量。

生薑燒肉的話是4～5片
肉類 ➡ 100g

鮮魚的話切片1片
魚類 ➡ 100g

3杯
牛奶 ➡ 600ml

3個
蛋 ➡ 150g

1塊
豆腐 ➡ 300g

3盒
納豆 ➡ 150g

※ 肉類或魚類因部位不同，嚴密的蛋白質量會有所差異。

38 運動前還是運動後攝取蛋白質比較好？

原來如此！ 如果想增加肌肉的話，
運動前運動後都需要蛋白質。

　　運動前要關注的是活動身體的能量、醣類。肚子餓的時候，血液中的醣類低，身體處於燃料不足的狀態。如果空腹運動，身體會使用儲存於肝臟或肌肉中的肝醣（醣類），使用完的話，接著便會分解肌肉來使用，因此會導致肌肉減少〔**圖1**〕。

　　以早晨運動為例，如果在前一天晚餐之後就沒有再補給蛋白質的狀態下開始運動，肌肉會漸漸被分解。早上要運動的話，建議一定要在運動之前簡單攝取含有蛋白質和醣類的食物。中午、晚上的話，雖然對蛋白質就可以不用那麼敏感，但別忘了**在開始運動之前補給醣類**。

　　運動後，建議以30分鐘內為基準攝取蛋白質。運動後30分鐘是荷爾蒙的活動很活躍的時間帶，身體需要肌肉的原料。抓住時機攝取蛋白質的話，能最大限度促進肌肉的合成〔**圖2**〕。再加上，已知於訓練後的24～48小時內，會持續肌肉代謝比合成占優勢的狀態（→ P106）。剛運動完當然需要，運動後48小時左右，也別忽略了蛋白質的攝取。

將運動與蛋白質攝取視為一個組合來思考

▶ 空腹時運動肌肉會減少〔圖1〕

如果不事先補給運動時使用的能量，肌肉會被分解來製造能量。變成運動反而使得肌肉減少。

空腹運動的話⋯⋯

異化代謝進展

運動前攝取能量的話

可維持平衡

▶ 運動後30分鐘內攝取蛋白質〔圖2〕

介白素-6（IL-6）是肌肉激素（➡ P40）的一種，是與肌肉肥大相關的荷爾蒙。

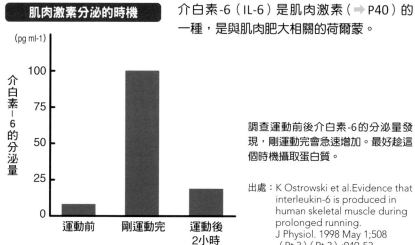

肌肉激素分泌的時機

(pg ml-1)

介白素－6的分泌量

100
75
50
25
0

運動前　剛運動完　運動後2小時

調查運動前後介白素-6的分泌量發現，剛運動完會急速增加。最好趁這個時機攝取蛋白質。

出處：K Ostrowski et al.Evidence that interleukin-6 is produced in human skeletal muscle during prolonged running. J Physiol. 1998 May 1;508（Pt 3）（Pt 3）:949-53.

39 不運動那天
不需要攝取蛋白質？

**原來
如此！** 運動的影響會**持續達2天**，
要持續攝取蛋白質！

雖然為了增大肌肉也需要休養（➡ P26），但並非「休養那天就可以不用攝取蛋白質」。**不運動的日子也要如同有運動那天一樣持續攝取蛋白質。**

肌肉合成的速度在運動後2小時左右會提升至最高，因此剛運動完所攝取的蛋白質最為重要是無庸置疑的。不過，在那之後也持續攝取蛋白質，則能有效率地增大肌肉。這是因為**運動賦予肌肉合成的效果會持續至運動後2天**〔**右圖**〕。

運動之後的48小時，每次攝取蛋白質，都會提升肌肉合成的速度。就當是為了不錯過這個能有效率增加肌肉的時機，建議不管運動或不運動，都將攝取蛋白質當成每天的習慣。

不運動那天雖不需減少蛋白質的攝取量，但要留意熱量的攝取。沒有運動卻和運動那天攝取相同熱量的話，熱量就超標了。需考慮到不運動就表示消耗熱量減少這件事，來考量飲食的內容。

▶ 增加肌肉的時機於運動後 1～2 天都會持續

看看運動後的肌肉合成過程可以得知，到達尖峰後合成速度會漸漸和緩地降低，但仍維持著比平常高的狀態。此外，運動後的 3 小時、24 小時後也攝取蛋白質，會使得合成速度躍升。

因運動與攝取蛋白質與肌肉合成速度的變化

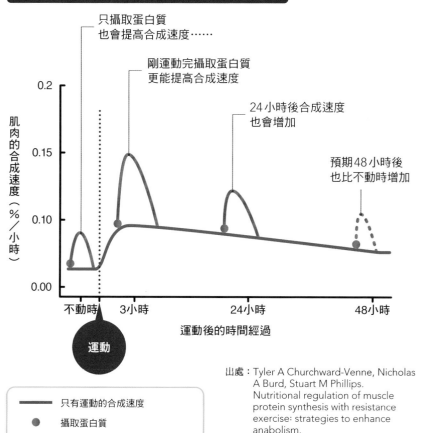

出處：Tyler A Churchward-Venne, Nicholas A Burd, Stuart M Phillips. Nutritional regulation of muscle protein synthesis with resistance exercise: strategies to enhance anabolism. Nutr Metab（Lond）. 2012 May17;9（1）:40.

40 動物性和植物性蛋白質到底哪個比較好呢？

原來如此！ 各自有擅長的領域，因此要**均衡攝取**。

蛋白質有分動物性和植物性。前面說明過，消化吸收率高的動物性對肌肉訓練比較好（➡ P28）。那麼，只攝取動物性蛋白質就好了嗎？就舉來自牛奶的乳清蛋白（動物性蛋白質）和來自黃豆的大豆蛋白（植物性蛋白質）作為例子來看看吧。

乳清當中含有**豐富的白胺酸**，是肌肉合成的開關，特徵是胺基酸的**吸收速度快**，攝取後血液中胺基酸的濃度雖然會一口氣升高，但弱點是**持續時間短**。剛運動完攝取的話，可迅速供給肌肉的原料，效果不錯。

另一方面，**黃豆**當中**富含多酚及膳食纖維**，胺基酸會**緩慢地被吸收**。血液中的胺基酸濃度雖不如乳清來得高，但能夠**長時間維持**。脂肪燃燒效果亦受到期待的黃豆，因應持續到早上無法補給蛋白質的睡眠時間，晚上攝取的話效果佳。

此外，已知**乳清蛋白促進肌肉合成的效果高，大豆蛋白抑制肌肉分解的效果高**〔**右圖**〕。

從以上可以得知，動物性蛋白質和植物性蛋白質各自擅長的領域是對稱的，兩者均衡攝取才是上策。

▶ 影響肌肉代謝效果的差異

以下是休息時、運動後的蛋白質合成與分解的收支比較。再加上運動後攝取動物性蛋白質的情況下，以及攝取植物性蛋白質的情況下，肌肉的合成與分解的收支比較。

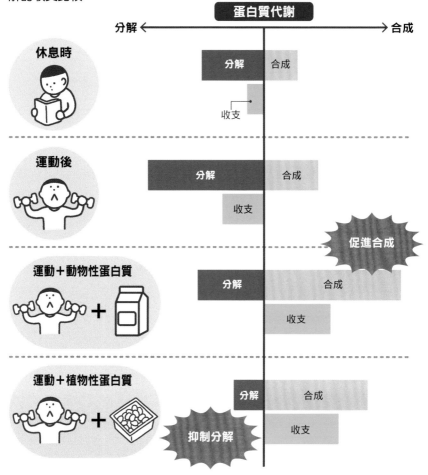

蛋白質代謝

分解 ← → 合成

休息時
分解　合成
收支

運動後
分解　合成
收支

運動＋動物性蛋白質
促進合成
分解　合成
收支

運動＋植物性蛋白質
分解　合成
抑制分解
收支

不管動物性、植物性，只要攝取蛋白質，收支都是合成。但由於動物性合成率較高、植物性分解率較低，就結果而言合成率會提高。

41 因蛋白質來源不同 疾病的風險也會改變？

原來如此！ 資料顯示：肉食者**心臟病**風險高、素食者**腦血管疾病**風險高。

動物性蛋白質與植物性蛋白質的差異，似乎也關係到疾病的傾向。

1950年代以後，日本人吃肉的量增加，在蛋白質攝取量上，動物性超越了植物性。將日本人的飲食生活變化與死亡原因趨勢的資料重疊來看，1950～1970年代**動物性蛋白質攝取量增加**之後，**腦血管疾病減少、心臟病增加**。1980年代中期，心臟病的死亡人數則超越腦血管疾病的死亡人數〔**圖1**〕。

於美國進行的一項追蹤48,000人18年間的調查也發現，**肉食**者罹患**心臟病的風險**高於腦血管疾病，而**素食主義者**罹患**腦血管疾病的風險則高於心臟病**。此外也發現，**攝取較多動物性蛋白質的人，罹患第2型糖尿病的風險也較高。**

也有研究結果報告，植物性蛋白質對於血壓、體重、血脂、胰島素阻抗等等的效果佳，**飲食中占的植物性蛋白質比例越高，心臟病的死亡風險也會降低**〔**圖2**〕。動物性、植物性蛋白質均衡攝取非常重要。

▶ 飲食生活的變化與死亡原因的變化〔圖1〕

日本人的飲食生活變化與死亡原因的變化相關。

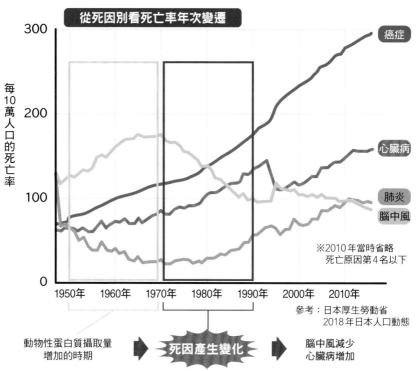

從死因別看死亡率年次變遷

每10萬人口的死亡率

- 癌症
- 心臟病
- 肺炎
- 腦中風

※2010年當時省略死亡原因第4名以下

參考：日本厚生勞動省 2018年日本人口動態

動物性蛋白質攝取量增加的時期 ▶ **死因產生變化** ▶ 腦中風減少 心臟病增加

▶ 偏重動物性蛋白質要注意〔圖2〕

有研究結果顯示，從飲食熱量的攝取量來看，將動物性蛋白質的3%替換為植物性蛋白質的話，約可降低10%心臟病的死亡風險。

例如將水煮蛋改為豆腐等等，也納入植物性蛋白質。

將動物性蛋白質的3%變更為植物性蛋白質

降低心臟病的死亡風險

42 有「優質蛋白質」的判斷基準嗎？

必需胺基酸含量均衡的食品。
可由**胺基酸分數**或 **DIAAS** 判斷。

體內日夜不停地製造出蛋白質，必須每天供給蛋白質的原料＝胺基酸，我們才能夠生存。尤其是體內無法製成的必需胺基酸，當成食物攝取是不可少的。「優質蛋白質」是指該食品中所含有之生存所不可或缺的**必需胺基酸**，對蛋白質合成**呈現理想的均衡狀態**。廣為人知的評判基準是**「胺基酸分數」**。

任何一種食物都含有胺基酸，但含量有高有低。以人類蛋白質所需的胺基酸平衡為基本，將各食品所含胺基酸量的平衡以胺基酸分數這個指標來表示〔**圖1**〕。

最近還有一個受矚目的評判基準，稱為**DIAAS**（digestible indispensable amino acid score／消化必需胺基酸分數），能更加正確判定蛋白質的「品質」。DIAAS這個胺基酸分數**不僅評判所含的胺基酸平衡，也針對易消化與否、在體內的利用效率等各方面做綜合性的評估。**有異於以往的評判基準，不捨去超過100%的數值進行評判也是一大特長〔**圖2**〕。

▶ 胺基酸分數的思考方式～桶子的理論〔圖1〕

9種必需胺基酸當中只要其中1個不足，在蛋白質上就被視為營養價值低。

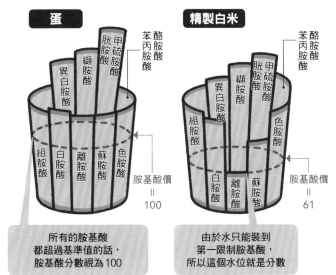

蛋

精製白米

最缺乏的必需胺基酸稱為「第一限制胺基酸」，以其含量為基本算出分數。

所有的胺基酸都超過基準值的話，胺基酸分數視為100

由於水只能裝到第一限制胺基酸，所以這個水位就是分數

胺基酸價 = 100

胺基酸價 = 61

▶ 主要食品的評判值〔圖2〕

參考胺基酸評判值均衡攝取各種食品，有助於有效率地補給胺基酸。

穀類含量不足的胺基酸在黃豆製品中含量多，因此搭配著吃可以補充不足。

出處：Kagaku to Seibutsu 58（1）：54-58（2020）
Tryon Wickersham et al.Protein Supplementation of Beef Cattle to Meet Human Protein Requirements

食品	不考慮消化吸收時的胺基酸分數	DIAAS
牛奶	100	1.159
蛋	100	1.164
黃豆	100	0.996
牛肉	100	1.116
豬肉	100	1.139
雞肉	100	1.082
精製白米	61 第一限制胺基酸：離胺酸	0.595
小麥	39 第一限制胺基酸：離胺酸	0.36

43 有對肌肉訓練或減重有益的蛋白質嗎？

原來
如此！
請矚目和肌肉合成有關的：
BCAA！

前面說明了蛋白質的種類和品質的評判，但是否有更精準的「對增加肌肉有效的蛋白質」呢？其實是有的。

肌力訓練時或減重瘦身時需刻意多攝取的就是 **BCAA**（中文稱為支鏈胺基酸）。所謂的 BCAA 是指**纈胺酸、白胺酸、異白胺酸**等 3 種**必需胺基酸**。令人吃驚的是，它們占了合成肌肉的蛋白質中所含的必需胺基酸的 35％。相較於其他胺基酸，這 3 種胺基酸**促進肌肉合成**的效果高，而且也有**抑制肌肉分解**的效果〔**右圖**〕。

其中白胺酸還與發出肌肉合成指令的物質運作相關。最近研究得知，**血液中的白胺酸濃度達到某個程度時，便會啟動肌肉合成。**

留意攝取熱量的同時，積極攝取 BCAA 含量高的肉類或魚類、蛋、乳製品等等，是通往肌肉訓練或減重成功的捷徑。舉例來說，運動前攝取 BCAA 的話，應該可以抑制訓練中肌肉分解，也能促進消除疲勞、具有減輕肌肉痠痛的效果。

要增加肌肉的話3種胺基酸「BCAA」很重要

▶ BCAA是什麼？

「Branched Chain Amino Acids」的簡稱，指的是纈胺酸、白胺酸、異白胺酸等3種必需胺基酸。中文稱為支鏈胺基酸。

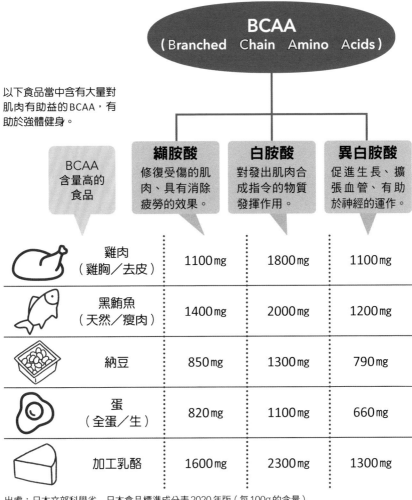

BCAA
(Branched Chain Amino Acids)

以下食品當中含有大量對肌肉有助益的BCAA，有助於強體健身。

BCAA含量高的食品

纈胺酸
修復受傷的肌肉、具有消除疲勞的效果。

白胺酸
對發出肌肉合成指令的物質發揮作用。

異白胺酸
促進生長、擴張血管、有助於神經的運作。

食品	纈胺酸	白胺酸	異白胺酸
雞肉（雞胸／去皮）	1100mg	1800mg	1100mg
黑鮪魚（天然／瘦肉）	1400mg	2000mg	1200mg
納豆	850mg	1300mg	790mg
蛋（全蛋／生）	820mg	1100mg	660mg
加工乳酪	1600mg	2300mg	1300mg

出處：日本文部科學省　日本食品標準成分表2020年版（每100g的含量）

44 預防血糖值上升的
蛋白質攝取法為何？

從蛋白質開始食用
便可抑制血糖急速上升！

　　進食後，食物被消化、吸收，糖分會成為葡萄糖進入血液中，變成血糖。血糖值是指血液中的葡萄糖（Glucose）濃度。用餐後血糖值上升，降低血糖的荷爾蒙：胰島素就會分泌。任何人只要進食，血糖都會上升，但如果過度上升，會使得胰島素過度分泌造成脂肪囤積。而血糖急速上升、急速下降會傷害血管，引起腦血管疾病或心臟病，因此被視為問題。

　　而聽說只要在吃的順序上花點心思，即可抑制血糖上升〔**圖1**〕。許多人都知道「最好從蔬菜開始吃」，但其實**蛋白質也有血糖值不易上升的特性。**

　　相對於醣類一吃完血糖馬上就上升，蛋白質會緩慢地轉變為醣類。研究發現，吃白飯之前先吃魚、肉等菜餚的話，可以抑制用餐後4小時的血糖上升，血糖的變動較為平緩〔**圖2**〕。此外，胺基酸當中有些會轉換成糖、有些不會，**多留意攝取不會轉換成糖的白胺酸、離胺酸含量高的食物，或許也比較好。**

▶抑制血糖急速上升的吃法〔圖1〕

透過一些技巧可以抑制血糖值上升。

充分咀嚼
（釋出促進胰島素適當分泌的荷爾蒙）

先吃蛋白質

醣類之後再吃

白飯和高蛋白食材一起吃

白飯以醋調理
（豆皮壽司或散壽司等等）

▶用餐後血糖值的變化圖〔圖2〕

醣質吃完後血糖會馬上上升、馬上下降

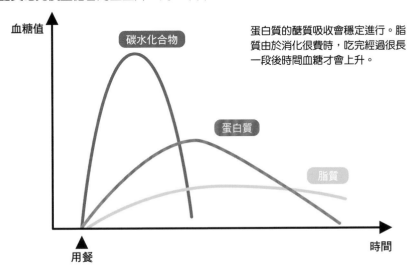

血糖值

碳水化合物

蛋白質

脂質

用餐

時間

蛋白質的醣質吸收會穩定進行。脂質由於消化很費時，吃完經過很長一段後時間血糖才會上升。

45 肉類？魚類？黃豆？到底要攝取哪一種比較好呢？

原來如此！ 只吃肉或只吃黃豆就太可惜了！
建議效果加倍的**雙蛋白**。

作為蛋白質來源的食品，蛋白質以外所含的營養素當然各不相同〔**右圖**〕。為了使飲食不偏重特定營養素、活用各個食品的優點，從各式各樣的食材當中攝取蛋白質很重要。

推薦一個有效攝取蛋白質的方法——**「雙蛋白」。這是同時攝取動物性與植物性2種蛋白質**的方法。動物性蛋白的必需胺基酸均衡、肌肉合成率高，而植物性蛋白可抑制肌肉減少（➡ P108）。相反的2種蛋白質一起攝取，可以活用各自的特性，研究也顯示**蛋白質的吸收率以及抑制肌肉量減少的效果比單獨攝取來得高。**

此外，動物性與植物性可以互補各自的弱點也是一項優勢。例如，將含有脂肪故容易熱量超標的肉類減量、用黃豆製品來補足的話，便可以降低熱量。

而米或小麥的蛋白質所含有的必需胺基酸不足，但如果米飯搭配味噌湯或豆腐等黃豆食品、麵包搭配蛋或肉類、乳製品等等的話，就能補其不足。

▶ 主要的蛋白質來源特長

		優點	缺點
動物性蛋白質	肉類	● 1餐可以攝取大量蛋白質 ● 牛肉富含鐵、鋅（必需礦物質）、豬肉富含維生素B$_1$（恢復體力）、雞肉富含維生素A（維持肌肉及黏膜健康）	● 脂肪含量高 ● 消化吸收花時間
	魚貝類	● 1餐可以攝取大量蛋白質 ● 阿拉斯加鱈魚有增加快縮肌的功用 ● 沙丁魚、竹莢魚、鮪魚所含的EPA（Eicosapentaenoic Acid）、DHA（Docosahexaenoic Acid）是必需胺基酸，有維持血液清澈的效果	● 水產加工品的食鹽含量高
	牛奶、乳製品	● 營養價值高、易消化 ● 鈣質、維生素B群豐富	● 有些人的體質無法分解牛奶中所含有的乳糖，會拉肚子
	蛋	● 是全營養食物 ● 維生素、礦物質豐富	
植物性蛋白質	豆類 （黃豆、黃豆製品、豌豆、蠶豆等等）	● 蛋白質以外，鈣、鎂、鐵、鋅、維生素E、維生素B群、食物纖維也含量豐富 ● 抑制血糖上升、調節腸內環境 ● 異黃酮含量豐富，具有抗氧化作用，可緩和骨質疏鬆症及更年期不順 ● 卵磷脂可降低血膽固醇	● 1餐分全部從黃豆製品攝取很辛苦 ● 食材變化少容易膩
	穀類 （玉米、蕎麥麵等等）	● 成為活動能量	● 作為蛋白質來源不足（必需胺基酸不足） ● 醣類含量高

46 蛋1天最多可以吃幾個？

原來如此！ 不需擔心膽固醇，
吃2～3個也沒關係！

以往都說「蛋1天最多吃1個」。這是因為擔心血液中含有的脂質之一：膽固醇攝取過量會導致動脈硬化的關係。膽固醇雖會在體內合成，但食物中也含有，因此以前都說膽固醇含量高的蛋或肉類要少吃，或控制飲食量。

然而，近來研究已知8成膽固醇都是在體內生產、循環再利用，攝取較多的話，體內會調整生產的量。**如果是健康的人，從飲食中攝取膽固醇對於血液中的膽固醇值的影響並不大**，因此現在的觀點是只要壞膽固醇（LDL）和好膽固醇（HDL）取得平衡就沒問題〔**圖1**〕。

蛋是**優良的蛋白質來源**，維生素及礦物質也豐富，含有維生素C及食物纖維以外所有人體所需的營養素〔**圖2**〕。除了具有**增加肌肉量和肌力、降低失智症發病風險**的效果，和蔬菜一起吃還可以提高**蔬菜的營養素**，早餐吃蛋有**瘦身效果**也已獲得證實。雖說不需擔心膽固醇，但還是需注意別攝取過量，有技巧地把它加入每天的飲食中。

▶ 多吃也不會影響膽固醇數值 〔圖1〕

膽固醇是製造細胞膜和肌肉的荷爾蒙之原料，是維持生命不可或缺的物質。

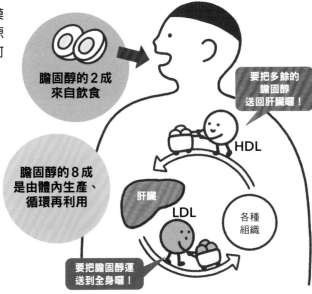

膽固醇的2成來自飲食

要把多餘的膽固醇送回肝臟囉！

HDL

膽固醇的8成是由體內生產、循環再利用

肝臟

LDL

各種組織

要把膽固醇運送到全身囉！

8成膽固醇是在體內生產、循環再利用，因此受飲食的影響很小。

▶ 2個蛋可以攝取到這麼多的營養素 〔圖2〕

各營養素占1天所需量的比例如下。

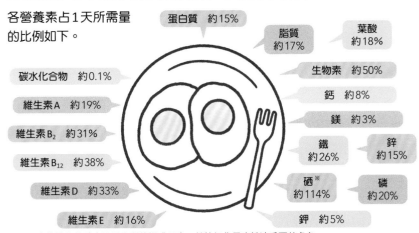

蛋白質 約15%

脂質 約17%

葉酸 約18%

碳水化合物 約0.1%

生物素 約50%

維生素A 約19%

鈣 約8%

鎂 約3%

維生素B₂ 約31%

維生素B₁₂ 約38%

鐵 約26%

鋅 約15%

維生素D 約33%

硒※ 約114%

磷 約20%

維生素E 約16%

鉀 約5%

※ 硒是生物體內的酵素及蛋白質的構成元素。於抗氧化反應扮演重要的角色。
出處：蛋的科學研究會 蛋的魅力

Q 哪一種蛋的吃法 能攝取到更多蛋白質？

| 生蛋 | or | 溫泉蛋 | or | 水煮蛋 （全熟） |

蛋的吃法各有所好。有人喜歡黏稠的半熟蛋，也有人喜歡全熟的水煮蛋。其實不同吃法蛋白質的吸收率也有差異。

在食材當中，有些加熱後會使得營養價值降低，相反的，也有些營養價值會提高。舉例來說，白菜中所含的維生素C、納豆中所含的黏蛋白等等，都是不耐熱的營養素。而番茄中所含的茄紅素經過加熱則會提高吸收率。那麼，蛋又是如何呢？

蛋的營養素吸收率也會因烹調方式而改變。或許有人會認為，要

一點不剩地獲得蛋裡的營養素，是不是最好直接生吃……，其實如果要講究「攝取更多蛋白質」的話，還是建議加熱。**因為加熱可以提高蛋白質的吸收率。**

根據比利時一所大學的研究，相對於烹煮過的蛋，蛋白質吸收率約91%，生蛋的吸收率只有約51%。那麼，加熱越久越好嗎？也不能這麼說。過度加熱的話，預防腦部老化的卵磷脂，以及蛋白質合成時不可或缺的維生素B群很容易流失，維生素D也會流失最多達4成。

也就是說，**蛋的烹調法當中最能吸收到蛋白質的是半熟。**所以答案是「溫泉蛋」。

話雖如此，生蛋、半熟蛋、水煮蛋各自有其優點。不妨參考烹調方式的優點，找到適合自己的吃法。

蛋的各個烹調法優點

生蛋

可以攝取到經加熱會減少的卵磷脂及維生素B群。

半熟蛋

營養素的吸收率佳。加上也容易消化，因此也適合胃腸不佳時。

水煮蛋

可以攝取到構成毛髮成分的生物素。飽足感持久，因此很適合減重瘦身。

47 喝牛奶會胖？不易消化？ 最好不要多攝取？

原來如此！ **牛奶**和蛋同為**優質的蛋白質來源**，
獲得的營養比負面來得多。

兒童時期每天喝牛奶，長大成人後喝的機會卻變少了。是不是很多人都是如此呢？牛奶確實含有豐富的鈣質，是成長期很重要的飲品之一。除了鈣質，還含有蛋白質、碳水化合物（乳糖）、脂質（乳脂肪）這三大營養素，也含有均衡的礦物質、維生素等重要的營養素。尤其是能攝取到優質的蛋白質這一點，不用說成長期，也是有**蛋白質不足隱憂的成人適合用來營養補給的食品**。

牛奶的蛋白質分成乳清蛋白和酪蛋白，各有不同的特徵〔**右圖**〕。此外，含有均衡的必需胺基酸，**喝2杯的話就能攝取到1天所需的必需胺基酸**。

而至於喝牛奶是否會胖這個問題，1杯（200ml）牛奶126kcal，含有7.9g脂質，這僅占20多歲女性1天必需熱量2000kcal的7％，可以算是健康飲品。此外，一喝牛奶肚子就會咕嚕咕嚕叫，是因為乳糖分解酵素的運作較差所導致。牛奶雖然是容易消化的食品，但這種體質的人要留意。

▶ 牛奶的成分與乳蛋白

牛奶中除了蛋白質、脂質、碳水化合物這三大營養素以外，也含有均衡的鈣質等礦物質、維生素類等等。蛋白質大致可分成酪蛋白和乳清蛋白。

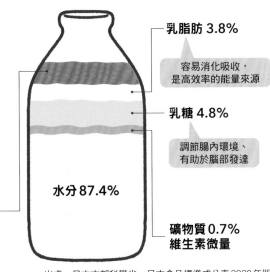

乳脂肪 3.8%

容易消化吸收，是高效率的能量來源

乳糖 4.8%

調節腸內環境、有助於腦部發達

水分 87.4%

乳蛋白 3.3%

礦物質 0.7% 維生素微量

出處：日本文部科學省　日本食品標準成分表 2020 年版

乳蛋白是由酪蛋白和乳清蛋白所構成

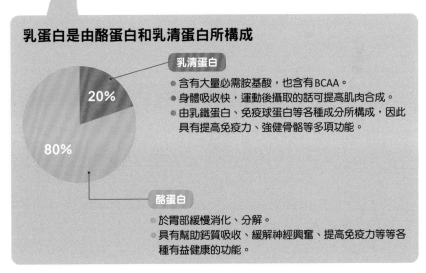

乳清蛋白

20%

- 含有大量必需胺基酸，也含有BCAA。
- 身體吸收快，運動後攝取的話可提高肌肉合成。
- 由乳鐵蛋白、免疫球蛋白等各種成分所構成，因此具有提高免疫力、強健骨骼等多項功能。

80%

酪蛋白

- 於胃部緩慢消化、分解。
- 具有幫助鈣質吸收、緩解神經興奮、提高免疫力等等各種有益健康的功能。

48 火腿或培根算是好的蛋白質來源嗎？

原來如此！ 加工肉的脂質會形成妨礙，**吸收效率差**，添加物也令人擔心，故需注意攝取過量。

只需簡單炒一下，或是直接就能上桌的火腿、培根、香腸等加工肉類，是忙碌的早晨等時候很方便的食品。但這不管大人、小孩都喜歡的火腿、培根，**其實也是需注意攝取過量的食品。**

2015年，國際癌症機構（IARC）根據針對大腸癌為主所做的流行病學研究所獲得的充分證據，判定加工肉品「對人類會致癌」。只不過，跟歐美相較，日本人的加工肉類攝取量算少的。如果是日本人的平均攝取量範圍內，可以說對大腸癌的風險沒有影響，或是即使有也很小。

至於蛋白質，加工肉類也含量豐富。只不過由於脂質含量也高〔**右圖**〕，**和肥肉較少的肉類相比，可以說蛋白質的性能差很多。**如果要靠加工肉品滿足蛋白質的量，反而會攝取到多餘的熱量和脂質、鹽分、著色劑（亞硝酸鹽）以及防腐劑（己二烯酸）等添加物。習慣性食用多少還是有風險——應該先有這樣的認知。加工食品當中也有低脂的，不妨有技巧地加以活用。

▶ 加工食品的蛋白質、脂質、碳水化合物含量

加工食品中所含的脂肪量差異頗大。

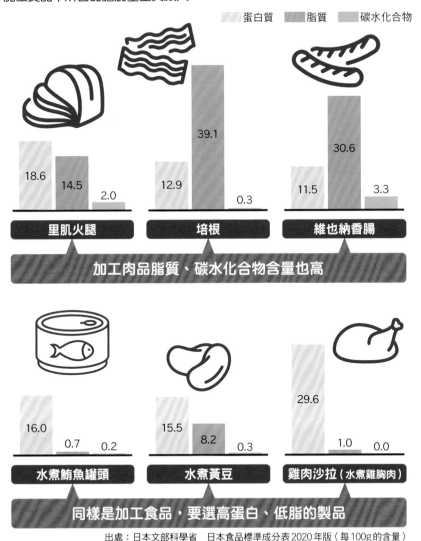

| 蛋白質 | 脂質 | 碳水化合物 |

里肌火腿
18.6　14.5　2.0

培根
12.9　39.1　0.3

維也納香腸
11.5　30.6　3.3

加工肉品脂質、碳水化合物含量也高

水煮鮪魚罐頭
16.0　0.7　0.2

水煮黃豆
15.5　8.2　0.3

雞肉沙拉（水煮雞胸肉）
29.6　1.0　0.0

同樣是加工食品，要選高蛋白、低脂的製品

出處：日本文部科學省　日本食品標準成分表 2020 年版（每 100g 的含量）

49 魚漿製品
有益肌力訓練或減重？

原來如此！ 很多魚漿製品的材料：
「阿拉斯加鱈魚」中具有驚人的力量！

　　「蟹味棒」、「竹輪」對於肌力訓練或減重有效而受到矚目。原因在於其原料**阿拉斯加鱈魚**〔 圖1 〕。有研究結果顯示，**食用阿拉斯加鱈魚可增加快縮肌。**

　　肌肉是由快縮肌和慢縮肌2種肌纖維隨機排列成束。快縮肌是負責瞬間爆發力，跳躍時或快要跌倒時張開腳用力踩住地面會使用到。慢縮肌則是負責持久力。雖然無法出很大的力氣，但健走或馬拉松等有氧運動、維持姿勢或呼吸時會使用到〔 圖2 〕。

　　慢縮肌不會隨著年齡增長產生變化，但快縮肌隨著年齡增長會漸漸變細。**因年齡增長導致的肌肉減少當中，急速減少的就是快縮肌。**阿拉斯加鱈魚蛋白質有助於增加這個快縮肌。

　　日本肌少症‧衰老症學會於2019年11月舉辦的發表當中，報告了以下事項：①老鼠實驗中，攝取阿拉斯加鱈魚蛋白質，**骨質密度獲得改善**、②早上攝取阿拉斯加鱈魚蛋白質，推測可能對於**增加**高齡女性的**骨骼肌**有效、③老鼠實驗中，推論攝取阿拉斯加鱈魚蛋白質，可**促進肌肉蛋白質合成、抑制分解**，進而引發肌肉肥大，可有效預防、改善肌少症。

▶ 阿拉斯加鱈魚是什麼魚？〔圖1〕

阿拉斯加鱈魚是明太子的母魚而為人熟知的白肉魚。

除了水分，幾乎都是由快
縮肌構成的蛋白質。由於
鮮度容易流失，幾乎都被
加工成鱈魚乾或魚漿。

阿拉斯加鱈魚
（鱈形目鱈科鱈屬）

各式各樣的
加工食品

蟹味棒	魚板	竹輪	魚板條
12.1g	12.0g	12.2g	11.5g
0.5g	0.9g	2.0g	7.2g
9.2g	9.7g	13.5g	12.6g

█ 蛋白質　█ 脂質　█ 碳水化合物

出處：日本文部科學省　日本食品標準成分表2020年版（每100g含量）

▶ 何謂快縮肌和慢縮肌？〔圖2〕

肌纖維分為快縮肌和慢縮
肌。快縮肌越使用會變
粗，慢縮肌則不會。

肌肉剖面圖

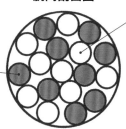

慢縮肌
● 使用的話微血管會增加、
　不使用就減少。
● 負責持久力。
● 可使身體不易疲勞。

快縮肌
● 使用的話會變粗、不使用就變細。
● 快速產生運動。
● 支撐體型、骨盆底肌等等體幹。

50 蛋白質或胺基酸的營養補充品有效果嗎？

原來如此！ 蛋白質補充品可有效率**補足不足量**、胺基酸補充品的**吸收速度**快。

增大肌肉所需的蛋白質如果只從每天的飲食當中涵蓋，脂質、醣類的攝取量也會增加，有可能熱量超標。**要壓低熱量、有效率地攝取優良蛋白質的話，蛋白質補充品很有效。**蛋白質補充品是指從食品中萃取蛋白質製成粉狀的東西。食慾不振等時候補充，可以輕鬆攝取到所需的蛋白質量。

而混合數種有益身體的胺基酸所製成的**胺基酸補充品，優點則在於好吸收、可一口氣攝取有效的量。**蛋白質的消化吸收很花時間，但入口時已經是胺基酸狀態的營養補充品，由於不需要消化，因此吸收快，短時間內就能對身體發揮作用。從事劇烈運動的話，活用BCAA、肌酸、麩胺酸等營養補充品很有效。不妨了解其特長選擇所需的產品〔**右圖**〕。

只不過，不管哪一種都不是只攝取它就好。除了有營養不均衡的隱憂，透過消化吸收讓身體這個機器每天充分運作也很重要。過分依賴營養補充品的話，身體可能會氧化，也有損害健康之虞。建議將它定位為補充飲食中攝取不足的營養而加以利用。

▶ 蛋白質與胺基酸補充品的特長

蛋白質補充品		
● 網羅 20 種胺基酸 ● 吸收緩慢 ● 用於鍛鍊肌肉、 　促進成長	乳清蛋白	牛奶中所含的蛋白質。吸收速度較酪蛋白快。優格上面清澈的液體就是乳清。
	酪蛋白	牛奶中所含的蛋白質。由於吸收速度慢，效果可長時間維持。屬於酸性、會沉澱的蛋白質。
	大豆蛋白	黃豆中所含的蛋白質。有降低膽固醇及三酸甘油酯的功效，因此適合減重瘦身。

胺基酸補充品		
● 混合數種胺基酸 ● 吸收迅速	BCAA	為必需胺基酸。解除能量不足、提高持久力。提高肌力、防止肌力下滑。
	肌酸	於體內合成，供給位於骨骼肌內及腦部、視網膜等部位的肌肉收縮之能量。
	麩胺酸	體內存在最多的胺基酸，肌肉組織內含有的比例最高。抑制肌肉分解，維持肌力。
	甘胺酸	為膠原蛋白的原料、可穩定睡眠。
	牛磺酸	魚貝類或軟體動物等含量豐富。存在於體內的肌肉、膽囊內。肌肉收縮、燃燒脂肪、神經傳達。
	天門冬胺酸	消除疲勞。

※這裡介紹的是具代表性的胺基酸補充品

51 只顧蛋白質也沒有意義？

原來如此！ 只靠蛋白質無法維持身體健康，
必須一起攝取**維生素、礦物質**！

　　醣類、脂質、蛋白質這三大營養素之所以重要，是由於它們會成為組成身體的原料、活動身體的能量來源。**促使這些營養素順利代謝的潤滑劑就是維生素以及礦物質。** 即使攝取了足夠的蛋白質，如果維生素或礦物質不足，也無法維持身體健康〔**圖1**〕。維生素幾乎無法於體內製造，要不然就是即使能製造，量也不足。此外，礦物質無法於體內製成，因此兩者都必須透過**每天的飲食攝取**。

　　維生素有13種，對身體而言都是不可或缺的。從「與蛋白質的關聯」這個觀點來看，「特別需著重攝取的維生素」列舉如下：①協助所有蛋白質、醣類、脂質代謝的**維生素B群**、②有助於蛋白質合成的**維生素C**、③促進肌肉合成的**維生素D**。

　　礦物質當中需特別著重是**鋅、鐵、鈣**等等。有助於300種以上的酵素運作的鋅，也關係著蛋白質的合成。鐵則是由胺基酸製成神經傳導物質必需的礦物質。而鈣不只是骨骼及牙齒的原料，也和肌肉的收縮以及神經的穩定息息相關〔**圖2**〕。

▶ 三大營養素與維生素、礦物質的任務〔圖1〕

如果將人體比喻成機器人，身體和AI的原料是蛋白質，能量來源是脂質及醣類，潤滑油則是維生素、礦物質。

身體及AI的原料＝蛋白質

電源、能量來源＝脂質、醣類

油、潤滑油＝維生素、礦物質

▶ 建議與蛋白質一起攝取的維生素、礦物質〔圖2〕

維生素B群	豬肉　鮪魚	掌握三大營養素代謝的關鍵。
鋅	牡蠣　豬肝	活化全身新陳代謝。
維生素C	紅椒　青花菜	有助於荷爾蒙與膠原蛋白生成、鐵質吸收。
鐵	蛤蜊　羊栖菜	合成膠原蛋白所不可欠缺。
維生素D	菇類　鮭魚	促進肌肉合成、幫助鈣質吸收。
鈣	乳酪　小松菜	構成骨骼、牙齒，控制肌肉收縮。

Q 能攝取較多蛋白質的速食是哪一個？

牛丼 ＞ or ＞ 漢堡 ＞ or ＞ 蕎麥湯麵

速食支撐了忙碌現代人的午餐。既然要吃，總希望選擇能攝取到較多蛋白質的食物。

即使是牛丼、漢堡、蕎麥湯麵，每家店的種類或分量多少有些差異。雖然蛋白質的量也會因此而改變，但不妨參考大型連鎖店所公布的蛋白質量。各個食物的蛋白質量雖然多少有些誤差，但大致如下頁。

或許如大家所料想的，果然是**「牛丼」能攝取到最多蛋白質**。牛

蛋白質量的參考值

蛋白質量 20～23g	蛋白質量 12～16g	蛋白質量 12～17g

牛丼（標準分量1碗）	**漢堡**（1個）	**蕎麥湯麵**（1人份）

肉可以均衡地攝取必需胺基酸，是優質蛋白質的來源，而米飯也可充分攝取到醣類，因此是從事肌力訓練的人很適合的料理。只不過，熱量和脂質也高，因此減重中的人要留意別吃過量。

不過，含有肉類的「漢堡」和基本上只有蕎麥麵和蔥的「蕎麥湯麵」，蛋白質含量幾乎相同，是否讓人感到意外呢？其實**蕎麥麵的蛋白質含量在主食（米飯、麵包、麵類）一人份當中是最高等級的。**相較於米飯1碗（150g）的蛋白質含量為3.8g、吐司1片（60g）的蛋白質含量為5.6g，蕎麥麵1人分（約220g）的蛋白質含量高達10.5g左右。

而且如果把「蕎麥湯麵」換成「豆皮蕎麥麵」的話，蛋白質更會一口氣增加，和牛丼不相上下。因為豆皮是豆腐油炸而成的，蛋白質含量意外的高。

52 「1975年的日本飲食」是長壽的祕訣？

原來如此！ 長期的飲食習慣會影響壽命！
1975年的日本飲食提示了長壽的祕訣！

　　蛋白質對於長壽很重要（➡ P48）。然而，光有蛋白質也沒有意義（➡ P132）。那麼什麼樣的飲食有助於長壽呢？其實答案就在於1975年的日本飲食。探究健康長壽與日本飲食關係的研究裡，得出了**「1975年的日本飲食對於維持健康有效」**這樣的結果〔**右圖**〕。

　　根據國民健康、營養調查結果，將1960年、1975年、1990年、2005年日本人的典型餐點菜色讓老鼠吃一個月進行實驗。結果發現，吃1975年日本食物的老鼠內臟脂肪最少，脂肪細胞的尺寸也較小，且醣類及脂質代謝相關的基因發現量增加，熱量消耗變得活絡。再繼續餵食1975年的日本食物，**證實了它有抑制肥胖、減少肝臟的膽固醇量、降低血糖、抑制慢性疾病及老化引起的疾病、抑制腦部功能退化**等多種效果。

　　此外，在日本飲食對腦部退化之影響的相關研究當中，也顯示1975～1990年的日本飲食具有維持腦部功能、延緩老化的效果。

要多種食材搭配著食用

▶ 1975 年的日本餐食是長壽的飲食

1975 年日本餐食的基本是一湯三菜的和食。

1975 年的日本飲食

> 配菜豐富，PFC（➡ P22）變均衡了！

1975 年以前……
> 米飯多配菜少

1960 年 ←

1975 年以後……
> 隨著西化進展，脂質變多

→ **2000 年**

特徵

一湯三菜是基本

食材 以黃豆製品、魚貝類、蔬菜、水果、海藻、菇類為主，蛋、乳製品、肉類只有偶爾攝取的程度。

調味料 使用高湯、發酵調味料（醬油、味噌、醋、味醂、料理用酒），砂糖、鹽較少。

烹調法 多為煮、蒸、生食、水煮、烤，較少油炸、炒的料理。

長壽飲食的要點是……

- 不偏重碳水化合物，均衡攝取蛋白質及蔬菜。
- 蛋白質以魚類及黃豆為主，和蛋、牛奶、肉類均衡攝取。
- 攝取水果、海藻、發酵類調味料。
- 增加食材的種類，各式各樣的食物都吃一點。

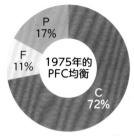

PFC 圓餅圖：
- P 17%
- F 11%
- C 72%

1975年的 PFC均衡

1975 年也是蛋白質攝取量達到巔峰的時期（➡ P31）。

出處：參考日本國立健康、營養研究所「昭和 50 年國民營養調查」所製成

53 肌力訓練後喝酒對肌肉有不良影響？

原來如此！ 剛運動完馬上喝酒，**會降低肌肉合成率25%**。

常聽到有人說「肌力訓練後的冰啤酒超好喝！」但有研究結果顯示，這種「犒賞自己的啤酒」會降低訓練的效果。

比較肌力訓練後攝取蛋白質的人、和攝取蛋白質加酒精的人，結果發現，**攝取蛋白質＋酒精的人肌肉合成率比起只有攝取蛋白質的人低了約25%**〔**右圖**〕。推測原因是攝取酒精會**抑制**肌肉合成模式的開關・**mTOR的作用**。酒精會抑制具有肥大肌肉效果的**睪固酮（男性荷爾蒙的一種）分泌量**，因此尤其是男性，在肌力訓練後攝取酒精對肌肉合成的影響更大。

雖然很想知道攝取多少酒精量才不會造成影響，但很可惜目前還不清楚。如果想讓得來不易的肌力訓練成果發揮到極限，在肌肉合成增加最多、肌力訓練剛結束的時間帶（肌力訓練後1～2小時），只先攝取蛋白質比較保險。無論如何都想喝⋯⋯的話，建議少量搭配餐點一起慢慢喝，留意不要讓血液中的酒精濃度急遽上升。

攝取酒精與肌肉合成的關係

觀察進行肌力訓練後2～8小時的肌肉合成率。

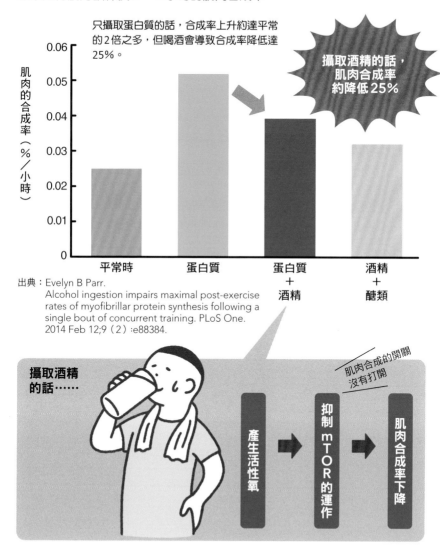

只攝取蛋白質的話,合成率上升約達平常的2倍之多,但喝酒會導致合成率降低達25%。

攝取酒精的話,肌肉合成率約降低25%

肌肉的合成率(%／小時)

0.06
0.05
0.04
0.03
0.02
0.01
0

平常時　蛋白質　蛋白質＋酒精　酒精＋醣類

出典：Evelyn B Parr.
Alcohol ingestion impairs maximal post-exercise rates of myofibrillar protein synthesis following a single bout of concurrent training. PLoS One. 2014 Feb 12;9(2):e88384.

攝取酒精的話……

肌肉合成的開關沒有打開

產生活性氧 ➡ 抑制mTOR的運作 ➡ 肌肉合成率下降

54 蛋白質會糖化？
什麼是身體燒焦？

原來如此！ **多餘的醣類**會和**蛋白質**結合，
而**促進老化**！

各位知道蛋白質或脂質和糖結合會怎麼樣嗎？這就稱為**「糖化」**。活性氧導致身體氧化被稱為「身體生鏽」，而糖化則被叫做**「身體燒焦」**，同時也是促使老化的原因。

糖化的原因是醣類攝取過量。**血液中如果有多餘的糖分，就會和體內的蛋白質或脂質結合在一起，使細胞等劣化**〔**右圖**〕。舉例來說，因糖化導致膠原蛋白纖維被破壞的話，肌膚會失去彈性，而糖化產生的老舊廢物沉積在皮膚細胞的話，會形成斑點和暗沉。糖化製造出來的老化物質稱為**「AGEs（糖化終產物）」**，不只是造成外表看起來顯老的原因，已知和動脈硬化、腎功能降低、骨質疏鬆症、乾眼症、阿茲海默型失智症也有關聯。

該怎麼做才能防止糖化呢？雖然減少米飯或麵包等碳水化合物以及甜點的食用量等等，避免攝取超過所需的醣類也是必要的，但**特別容易引起糖化的其實是餐後血糖上升的時候**。雖然任何人餐後血糖都會上升，但建議在吃法上花點心思，盡可能抑制血糖急速上升（➡ P117）。如此一來就能防止身體燒焦。

▶ 糖化的過程與預防

糖化容易發生在餐後血糖上升時。建議在食物及吃法上花點心思。

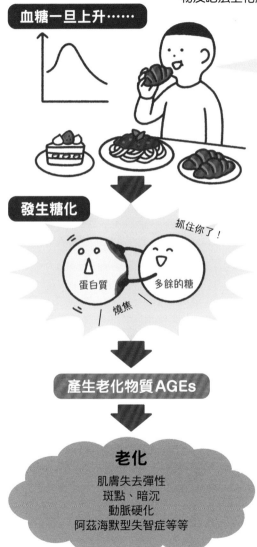

血糖一旦上升……

發生糖化

抓住你了！

蛋白質　　多餘的糖

燒焦

產生老化物質AGEs

老化
肌膚失去彈性
斑點、暗沉
動脈硬化
阿茲海默型失智症等等

預防糖化的要訣①

留意吃法，如果能抑制血糖急速上升，就能防止糖化。

● 花點心思在抑制血糖的吃法上（➡ P117）

預防糖化的要訣②

選擇食用餐後血糖值不易上升的食品。

● 糙米
● 義大利麵（全麥）
● 洋蔥
● 青蔥
● 高麗菜
● 青花菜
● 蘋果
● 橘子
● 鮪魚
● 鰹魚
● 鯖魚
● 蛤蜊
● 牛肉（牛肝以外）
● 雞肉
● 菇類

55 累的時候要選
「甜食」還是「蛋白質」？

原來如此！ 血糖急速上升很危險，
選**蛋白質**對腦部和身體都有效。

　　累的時候就會想吃甜食，這是腦部發出的能量補給警戒。據說人體當中最消耗能量的地方就是腦部；光是腦部，1天就消耗大約120g的葡萄糖。雖然確實吃3餐攝取飲食的話就能補給，但如果不吃正餐，或是工作過度等導致不足，便會感覺疲勞、注意力不集中、煩躁。這時就需要補給葡萄糖。

　　然而，葡萄糖也要注意避免攝取過量。攝取過多的話，**血糖激烈起伏**，反而會使得**腦部運作不穩定**。其實甜食攝取過量也可能導致睡意無法消除、腦袋一片空白、疲憊感無法消除這些症狀，**反而覺得更加疲累**〔**圖1**〕。

　　基於以上原因，推薦的是**醣類含量很低、富含蛋白質的點心**〔**圖2**〕。乳酪、優格、堅果、小魚乾這些蛋白質的點心，既不會讓血糖急速上升，也有助於消除疲勞。減輕身體疲勞的BCAA、協助恢復體力的魚精胺酸、形成神經傳導物質的原料，減輕腦部疲勞的色胺酸等胺基酸，可以由體內促進消除疲勞。不妨有技巧地利用蛋白質的點心。

比起甜食，蛋白質更能改善疲勞

▶ 甜食攝取過量會引起血糖劇烈波動〔圖1〕

血糖值反覆劇烈起伏稱為Glucose Spike，反反覆覆會導致胰臟無法正常運作。

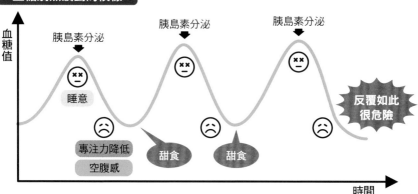

血糖劇烈波動的模樣

胰島素分泌

胰島素分泌

胰島素分泌

血糖值

睡意

專注力降低
空腹感

甜食

甜食

反覆如此
很危險

時間

一吃甜食血糖值會一口氣上升、促使胰島素分泌。如此一來，又會因血糖急速下降，使得腦部能量不足而想睡覺。再加上低血糖的話，會感覺注意力不集中、疲憊、肚子餓，又會想吃甜食。如此反反覆覆將導致身體失調。

▶ 推薦的蛋白質點心〔圖2〕

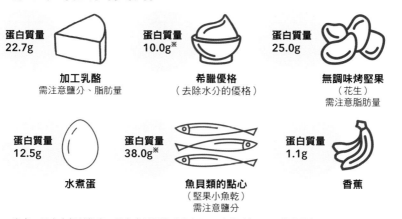

蛋白質量
22.7g

加工乳酪
需注意鹽分、脂肪量

蛋白質量
10.0g※

希臘優格
（去除水分的優格）

蛋白質量
25.0g

無調味烤堅果
（花生）
需注意脂肪量

蛋白質量
12.5g

水煮蛋

蛋白質量
38.0g※

魚貝類的點心
（堅果小魚乾）
需注意鹽分

蛋白質量
1.1g

香蕉

出處：日本文部科學省　日本食品標準成分表2020年版（每100g的含量）
※ 希臘優格及堅果小魚乾是參考市面販售商品的蛋白質量

56 從健康檢查的數值可以看出蛋白質不足的徵兆嗎？

原來如此！

失去**光澤**、**彈性**，看起來憔悴，
白蛋白數值是營養狀態的指標。

蛋白質是關係到全身的營養素，不足的話會出現各種不適症狀。首先，在外觀變化上，肌肉減少導致的**身體鬆垮、血氣不足、皮膚、頭髮、指甲等組織劣化**等等變得明顯，給人**憔悴的印象**。由於蛋白質會被優先送到維持生命所需的地方，毛髮或指甲會被排在後面，所以可以說是很容易顯現出因不足而產生變化的地方〔**圖1**〕。此外，許多不適不會顯現於外觀，如果發覺**容易感冒**、比以前**容易疲倦**這些身體不適的話，應懷疑蛋白質是否不足。

健康檢查也能發現蛋白質不足。血液檢查結果中有「總蛋白質」這個項目和「白蛋白」這個項目，**蛋白質不足是以「白蛋白」數值來判斷的**。白蛋白是占總蛋白質6成的重要蛋白質，加上半生期（➡P90）長達14～21天，可以作為營養狀態的指標。低於標準值的話應懷疑是蛋白質不足〔**圖2**〕。除此之外，總膽固醇的數值低於標準值（128～219mg／dℓ）的話，則有可能是低營養，亦即蛋白質不足的狀態。

不要忽視蛋白質不足的徵兆

▶ 容易顯現出蛋白質不足的地方〔圖1〕

如果有下面的症狀，
原因恐怕是蛋白質不
足，建議多留意飲食
的內容。

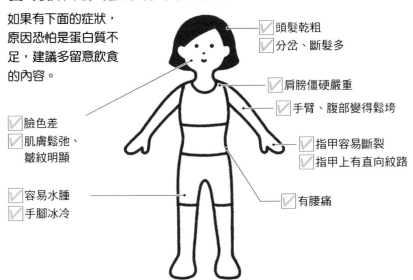

☑ 頭髮乾粗
☑ 分岔、斷髮多

☑ 肩膀僵硬嚴重
☑ 手臂、腹部變得鬆垮

☑ 指甲容易斷裂
☑ 指甲上有直向紋路

☑ 臉色差
☑ 肌膚鬆弛、
　皺紋明顯

☑ 容易水腫
☑ 手腳冰冷

☑ 有腰痛

▶ 白蛋白是營養的指標〔圖2〕

白蛋白是於肝臟以胺基酸為原料製成的蛋白質。
具有循環血液，將各種物質運送到各個組織的功
能。

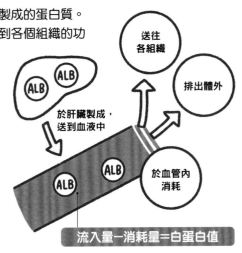

送往
各組織

排出體外

於肝臟製成，
送到血液中

於血管內
消耗

流入量－消耗量＝白蛋白值

血液中的白蛋白數值低的話，懷疑
可能是原料（蛋白質）不足或肝功
能不好。

白蛋白的數值基準
3.9g/dℓ以上　➡　正常
3.7～3.8g/dℓ　➡　要注意
3.6g/dℓ以下　➡　異常

出處：日本全身健康檢查學會網站

Q 在外太空要維持肌肉應該吃哪一種蛋白質？

牛肉 or 黃豆 or 昆蟲

近年來移居月球、太空旅行這樣的世界已非夢想。各位覺得太空生活中不可欠缺的蛋白質來源到底是什麼呢？

　　太空環境和地球上完全不同，**長期停留在太空上最大的問題是骨量減少和肌肉萎縮。**

　　雖然在地球上隨著年齡增長也會引起骨量減少和肌肉萎縮，但在太空環境下則是不同等級。據說骨量1個月會減少約0.5～1%，這個速度是發生在地球上年長者骨量減少的10倍。此外，即使每天都

運動，肌肉量還是會漸漸減少。以停留在俄國太空站1年的太空人為例，雖然每天運動，但下肢肌肉還是減少了20%。

　　據說以現在的技術到達火星約得花9個月的時間。如果假設可以到火星旅行，來回就要18個月。如果思考18個月停留在太空上骨量減少、肌肉萎縮的比例，感覺就像是身體一口氣老了10歲。

我回來了～

回程　9個月

去程　9個月

火星旅行後
骨量減少
約18%
肌肉量減少
約20%

　　要在太空時代生存，這是個不可迴避的問題。作為改善策略而受到矚目的食材之一就是「黃豆」。太空商品產業・營養學研究中心正進行太空食物的研究，其中發現，**黃豆中含量豐富的天然胜肽（大豆胜肽）可以預防肌肉萎縮、大豆異黃酮有預防骨量減少的效果。**據說實際讓太空人多吃黃豆後，抑制了肌肉萎縮。

　　所以答案是「黃豆」。開發以黃豆為原料製成的機能性太空食品正在進行中。順帶一提，吃昆蟲以作為太空中不足的動物性蛋白質來源，似乎也受到矚目。

增加身體抵抗力的新成員
胱胺酸&茶胺酸

　　所謂的胱胺酸，是由２個構成蛋白質的非必需胺基酸・半胱胺酸結合而成，肉類中含量豐富。由於能抑制黑色素生成，並具有解毒及抗氧化作用，因此是大家所熟知可保護身體遠離老化、疾病，美容效果佳的成分。

　　另一方面，茶胺酸則是茶裡所含有的一種胺基酸。人類攝取後，除了能帶來放鬆效果，還會在腦部發揮作用，具提高記憶力和專注力的效果。

　　研究發現，美容系和療癒系這兩個看似無關的成分，如果搭配攝取的話，可以提高身體抵抗力。

　　根據味之素集團的研究，定期攝取胱胺酸和茶胺酸，能活化巨噬細胞、ＮＫ細胞（自然殺手細胞）等免疫細胞，提升人體免疫力，據說預防感冒的效果可期。它們正以維持身體健康的新胺基酸之姿而備受矚目。

第**4**章

會想和朋友分享的
蛋白質冷知識

蛋白質是誰發現的呢？
將來蛋白質會不足嗎？
接下來要介紹一些看似與健身無關，
但卻很有趣的蛋白質的故事。

57 蛋白質是誰發現的呢？

**20世紀初建立假說之後約60年，
各種研究家研究了它的真實面貌。**

　　從很早以前，人們就知道蛋白質像血液或水煮蛋一樣，是「具有凝固性質的東西」。然而，解開它的真面目花了很長一段時間，直到近年來才確認了它的面貌〔**右圖**〕。

　　最早接近蛋白質真實面貌的是活躍於**20世紀初**的**德國有機化學家埃米爾・費雪**（Hermann Emil Fischer）。他建立了「蛋白質裡的胺基酸是以肽鏈的結合形式所構成」這個假說（胜肽假說）。此外，**美國化學家萊納斯・鮑林**（Linus Carl Pauling）從胺基酸與胺基酸的結合方法預測出胺基酸的繩子會形成 α 螺旋這種固定形式。

　　20世紀中期，英國生化學家弗雷德里克・桑格（Frederick Sanger）實際證明了費雪的胜肽假說。桑格首次完全解開了胰島素這個蛋白質的胺基酸序列。

　　那麼，這個序列是如何構成蛋白質的形狀呢？迫近形狀謎團的是**奧地利生化學家馬克斯・佩魯茨**（Max Ferdinand Perutz）。他改良了以往將蛋白質照射X射線調查其形狀的「X射線結晶結構分析法」。而**1958年，英國的生化學家約翰・肯德魯**（John Cowdery Kendrew）終於利用它解開了肌紅蛋白的立體結構。至此蛋白質的面貌第一次明朗化。

迫近蛋白質的真面目

▶ 蛋白質的研究者們

> 所謂的蛋白質應該就是胺基酸連在一起的物質吧？

埃米爾·費雪
（Hermann Emil Fischer）
（1852～1919）

德國有機化學家。因研究嘌呤的合成，於1902年獲頒諾貝爾化學獎。發現了2種胺基酸。

> 應該是以螺旋狀相連的唷。

萊納斯·鮑林
（Linus Carl Pauling）
（1901～1994）

美國化學家。於1954年獲頒諾貝爾化學獎。詳細調查胜肽結合，因而預測了蛋白質的形狀。

> 我知道胺基酸序列了！

弗雷德里克·桑格
（Frederick Sanger）
（1918～2013）

因定出蛋白質序列的成果，於1958年獲頒諾貝爾化學獎。之後又定出了DNA的序列而第2度獲頒諾貝爾獎。

> 照射X射線來調查形狀吧。

馬克斯·佩魯茨
（Max Ferdinand Perutz）
（1914～2002）

因改良X射線結晶結構分析法的功績，於1962年和肯德魯雙雙獲頒諾貝爾化學獎。

\構造解明！！/

> 彎折得超複雜！！

約翰·肯德魯
（John Cowdery Kendrew）
（1917～1997）

首次解開肌紅蛋白的立體構造，於1962年和佩魯茨雙雙獲頒諾貝爾化學獎。

➡ NEXT...？

會想和朋友分享的蛋白質冷知識 **第4章**

58 懷孕中低蛋白的話會影響到孫子輩？

基因形態會因
胎兒時期的環境而改變。

孕期中，許多孕婦都會留意體重不要增加太多。體重大幅增加的確會提高子癲前症（妊娠毒血症）和妊娠糖尿病的風險。然而，現今在日本，未滿2,500g的低出生體重兒的比例在先進國家當中壓倒性的多（每10人就有1人），這些兒童們長大後的健康狀態著實令人憂心〔**右圖**〕。

在高血壓相關的老鼠實驗中發現，**懷孕時缺乏蛋白質的話**，出生的幼兒對於食鹽的敏感性高，會形成**高血壓**及**腦中風**。而且這還會**影響到孫子輩**。

英國的公共衛生學家大衛・巴克（David Barker），於1980年代後期到1990年代進行了慢性疾病（高血壓、糖尿病、缺血性心臟病）發病與出生體重之間關係的相關研究。從結果得知，低體重低營養的新生兒，長大成人後高血壓及動脈硬化、葡萄糖耐受不良（糖尿病）的風險較高；**慢性疾病的其中一個起因在於胎兒時期的營養狀態**。也就是說，可以推測胎兒時期如果營養狀態不佳，為了以少量營養維持體能，**身體的程式（基因）會改變**。由於會形成容易吸收營養的體質 —— 也就是易發胖的體質，罹患和肥胖相關的慢性疾病的風險也變高。

胎兒、嬰幼兒時期的營養會影響疾病風險

▶ 孕婦低營養引起的不良影響

孕婦如果處於低營養狀態，恐怕會影響新生兒將來的健康。

低營養的孕婦

成人女性1天需攝取的蛋白質建議量為50g。懷孕中期建議＋5g、後期建議＋25g。懷孕期間體重增加9kg以下的話，生下低體重新生兒的風險會變高。

生下低體重的新生兒

為了以少量的營養生存，基因的結構會改變！

兒童肥胖

胎兒期、嬰幼兒的飢餓記憶，導致身體變得容易囤積營養，形成即使是一般的飲食量也容易變胖的體質。

肌少症肥胖

基因的變化即使長大成人也不會被修正，因此有可能從青年期開始就變成了肌少症肥胖族群的一員（➡ P46）。

長大成人後的疾病風險

● 高血壓
● 腦中風
● 第2型糖尿病
● 骨質疏鬆症
● 癌症
● 精神、神經疾病

59 簡直像在走路!? 會動的蛋白質很有趣

馬達蛋白‧致動蛋白 以時速120km在移動!?

前面介紹了搬運工蛋白質‧致動蛋白（➡ P80）。像致動蛋白一樣在細胞內將化學能量轉換成動能，**自己會動的蛋白質稱為「馬達蛋白」**。已知的馬達蛋白還有像致動蛋白一樣在微管上移動的動力蛋白、以及在肌動蛋白上移動的肌凝蛋白（➡ P74）。

那麼，簡直就像以雙腳在行走的致動蛋白，移動速度差不多是多少呢？ 60nm左右的致動蛋白以時速3.6mm的速度移動著；如果將它**換算**成2m的**人類，活動速度就是120km**〔 **圖1** 〕。

擔負著活動用的汽油般任務的則是名為ATP（腺苷三磷酸）、可儲存能量的物質。馬達蛋白透過分解ATP獲得能量，據說細胞內約有10億個ATP。而有效率製造出這個ATP的則是ATP合成酵素〔 **圖2** 〕。**ATP合成酵素**具有類似馬達的部分，以**1分鐘24,000次**高速旋轉，一邊結合氫離子和ADP（腺核苷二磷酸），合成ATP。ATP合成酵素直徑是10nm，堪稱世界上最小、最高性能的引擎。

會動的蛋白質力量驚人

▶致動蛋白的時速是120km!?〔圖1〕

致動蛋白在微管上以每秒1μm（時速3.6mm）的速度移動。

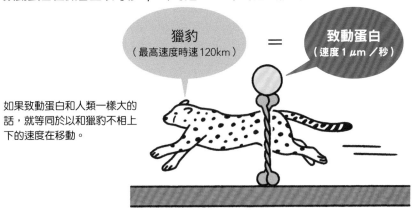

獵豹
（最高速度時速120km）

＝

致動蛋白
（速度1μm／秒）

如果致動蛋白和人類一樣大的話，就等同於以和獵豹不相上下的速度在移動。

▶ATP合成酵素會高速旋轉〔圖2〕

ATP合成酵素位於細胞內的粒線體內膜。

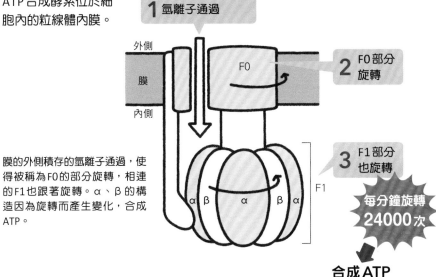

1 氫離子通過

外側

膜

內側

F0

2 F0部分旋轉

膜的外側積存的氫離子通過，使得被稱為F0的部分旋轉，相連的F1也跟著旋轉。α、β的構造因為旋轉而產生變化，合成ATP。

α β α β α

F1

3 F1部分也旋轉

每分鐘旋轉24000次

合成ATP

會想和朋友分享的蛋白質冷知識 **第4章**

60 左右食慾的是蛋白質？

促進食慾的蛋白質和抑制食慾的蛋白質都有。

　　食慾是為了維持生命所必需的，而蛋白質也和這樣的食慾密不可分。蛋白質當中也負責各種調整身體工作的荷爾蒙（激素）（➡ P86），扮演著關鍵的角色。

　　胃分泌的一種名為**飢餓肽**的荷爾蒙具有**增進食慾**的作用。空腹時，胃會分泌飢餓肽到血液中，運作於腦部的攝食調節部位（攝食中樞），所以會感覺「肚子餓了」。相反的，進食的話，會分泌**抑制食慾**的荷爾蒙：**瘦素**。進食使得血糖上升，便會刺激脂肪細胞分泌瘦素，因而感覺肚子飽了。

　　飢餓肽和瘦素會相互制衡〔**右圖**〕。減重時想控制食慾的話，只要促進瘦素分泌，飢餓肽就會減少。據說瘦素會在進食後20分鐘分泌，因此花20分鐘以上慢慢用餐，應該就能防止吃太多。只不過，飢餓肽也並非是減重的大敵。飢餓肽也有**促進生長激素分泌**的作用，而生長激素可以提高代謝。肚子咕咕叫時暫時忍耐不吃，等飢餓肽分泌後再慢慢進食似乎比較好呢。

掌管食慾的荷爾蒙是飢餓肽和瘦素

▶取得平衡的飢餓肽和瘦素

飢餓肽和瘦素相互關聯，飢餓肽增加的話瘦素就減少、瘦素增加的話飢餓肽就增加。

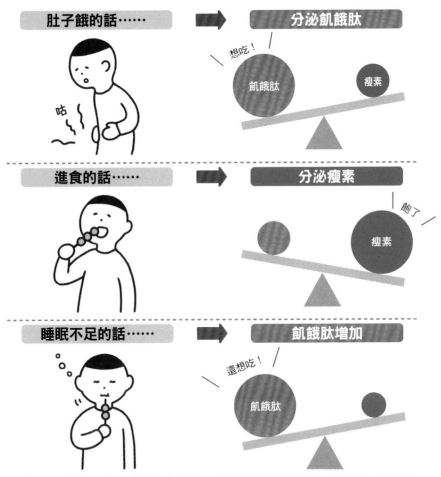

空腹時飢餓肽增加、攝取了營養後瘦素增加，平常會像這樣取得平衡。但睡眠時間不足的話，會使得瘦素減少、飢餓肽亢進，因而無法有效抑制食慾。

會想和朋友分享的蛋白質冷知識 第4章

61 胺基酸有慣用手是什麼意思？

原來如此！ 胺基酸的結構有對稱的右手型和左手型，
體內的胺基酸幾乎是左手型。

構成身體的蛋白質其原料胺基酸，有**左手型（L型）**和**右手型（D型）**。就像人的左右手一樣，雖然**形狀相同，就如同照鏡子般，是左右相反的分子結構**〔**圖1**〕。

人工製作胺基酸的話，可以做出相同比例的右手型和左手型，但**體內的蛋白質幾乎都是以左手型**構成的。也就是說，我們是由左撇子的胺基酸所組成的。不只是人類，地球上的生物也幾乎都是左手型，因此一直以來都被認為生物體內只存在左撇子的胺基酸。然而近年來的研究發現，體內也存在著右手型的胺基酸，**是左手型產生變化而變成右手型。**而這開始**被認為和成長以及老化、疾病有密切的關係**〔**圖2**〕。

舉例來說，構成眼睛水晶體的晶體蛋白是透明的物質，但如果形成右手型的胺基酸，層狀凝聚在一起使得顏色變混濁，便會導致白內障。除了水晶體，腦部、皮膚、牙齒、骨骼、動脈壁等處的老化組織中，也發現了帶有右手型胺基酸的蛋白質。推測原本全都是左手型的胺基酸，受了某種影響而變化成右手型，就會妨礙正常的功能。在老化相關疾病的新藥開發領域，右手型胺基酸也受到矚目。

▶ 左手型胺基酸與右手型胺基酸〔圖1〕

胺基酸有構造左右對稱的「左手型」與「右手型」。

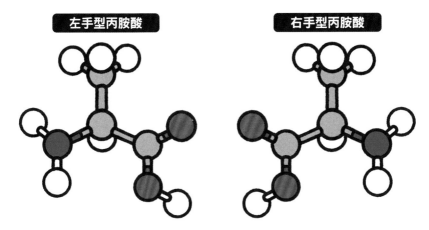

左手型丙胺酸　　　　　　右手型丙胺酸

▶ 右手型胺基酸的功能〔圖2〕

體內存在的右手型胺基酸，都與成長和老化有關。

和成長有關的功能	以右手型存在的胺基酸
協助傳達資訊到腦部	天門冬醯酸、絲胺酸
精子成熟	天門冬醯酸

與右手型胺基酸相關的疾病	含有右手型胺基酸的蛋白質
阿茲海默症	β 類澱粉蛋白、Tau 蛋白
白內障	α A晶體蛋白
普里昂疾病	普里昂蛋白
多發性硬化症	髓磷脂鹼性蛋白
動脈硬化	彈性蛋白
佩吉特氏病	膠原蛋白
骨質疏鬆症	膠原蛋白

Q 蛋白質的起源是？

| 來自外太空 | or | 在海洋形成的 |

蛋白質是由胺基酸所構成的。那胺基酸又是怎麼形成的呢？其實這是一個追溯到生命起源的深～遠問題。

蛋白質是構成人體的重要物質。如果沒有蛋白質，我們就不存在。更進一步而言，地球上所有的生命體可以說都是由蛋白質和核酸（DNA及RNA）所構成的。換句話說，**探究蛋白質的起源，就等於是探究地球的生命起源。**

那麼，地球上的生命是在哪裡誕生的呢？地球的誕生要追溯到

46億年前，而地球上有生命誕生，據說是在那之後5～10億年。當時地面上有強烈的紫外線等照射，是生命無法生存的環境，生命是從被稱為「原始之海」的海洋中誕生的。**原始之海裡生命所需的有機分子（胺基酸、核鹼基、糖、脂肪酸、碳氫化合物等等）含量豐富，推測生命就是這些物質反覆發生化學反應，由單純的物質進化到複雜的物質而誕生的。**

這麼說來，是表示「蛋白質的起源是海洋」嗎？地球誕生之初，只有氫和氮這些無機物的元素。那麼，**在原始之海裡的蛋白質的根源——胺基酸（有機分子）又是如何形成的呢？**

由美國化學家史丹利‧米勒（Stanley Lloyd Miller）於1953年所進行的實驗中得知，原始地球的大氣成分重複放電的話，會形成5種胺基酸。藉此證明了**打雷以及宇宙射線等的刺激，可以生成胺基酸[※]。**

另外還有一個可能性為「胺基酸是來自於外太空」。因為從外太空飛來的隕石上檢測出了胺基酸，而透過研究也得知，外太空比預想中還要容易形成胺基酸。故也有一個說法是推測**隕石掉落在原始之海，帶來了胺基酸。**

也就是說，蛋白質雖是誕生於海洋中，**但蛋白質的根源——胺基酸有可能是在海裡形成的，也有可能是來自外太空。**到目前為止，蛋白質的起源是「外太空、海洋這兩者都有可能」。

※於其後的研究發現，原始地球的大氣成分應與當初實驗時不同，胺基酸生成的頻率也很低。

62 新型冠狀病毒的蛋白質很棘手？

原來如此！ 新型冠狀病毒
帶有**抑制人體免疫的蛋白質**。

2019年，新型冠狀病毒（COVID-19）瞬間在全世界散播開來。冠狀病毒的球形病毒本體周圍有許多稱為棘蛋白的蛋白質突起。入侵體內的新型冠狀病毒，會將**棘蛋白**與肺部的氣管細胞表面稱為**ACE2的受體蛋白結合而感染**。病毒本身並沒有增生的能力，而是促使被感染的細胞複製DNA或RNA的資訊，並使之依此合成蛋白質而增生〔**右圖**〕。

為什麼說新型冠狀病毒很棘手呢？這是因為**新型冠狀病毒帶有的棘蛋白和ACE2的結合力非常強**，相較於同樣是冠狀病毒的嚴重急性呼吸道症候群（SARS）病毒，結合力高出10～20倍之多。此外，研究也發現新型冠狀病毒的蛋白質有**抑制人體免疫的作用**。感染病毒後，體內會製造出具有排除病毒或抑制增生作用的蛋白質，稱為干擾素。新型冠狀病毒名為ORF3b的蛋白質，會使干擾素不易製成，且已知其作用也比SARS來得強。

▶ 新型冠狀病毒感染的方式

病毒如下圖入侵細胞內，並使之複製病毒。

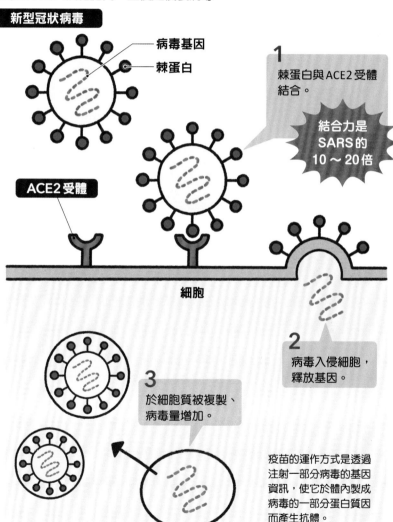

新型冠狀病毒

病毒基因

棘蛋白

1
棘蛋白與ACE2受體
結合。

結合力是
SARS的
10～20倍

ACE2受體

細胞

2
病毒入侵細胞，
釋放基因。

3
於細胞質被複製、
病毒量增加。

疫苗的運作方式是透過
注射一部分病毒的基因
資訊，使它於體內製成
病毒的一部分蛋白質因
而產生抗體。

63 有朝一日
人類也能行光合作用？

即使人類能行**光合作用**，
光是這樣也**無法生存**。

　　我們人類是吃食物而產生能量，但植物是藉由「光合作用」從光產生能量。**使光合作用化為可能的其實也是蛋白質。**葉子的細胞裡有一個稱為葉綠體的器官，它的膜上嵌了好幾種蛋白質，製造出進行光合作用所需的能量——ATP。這和人類於粒線體內製造出ATP很類似（➡ P154）。

　　既然是相似的ATP合成系統，人類是不是也能從光製造出能量呢？其實除了植物以外，還有其他生物也會行光合作用。**裸鰓類（海牛）**這種失去貝殼的貝類有一部分品種，**可以從食餌的藻類當中將葉綠體吸收到細胞內，行光合作用。而斑點鈍口螈和綠藻有共生關係**，牠們會將藻類納入細胞內，利用光合作用所製造的氧氣〔**右圖**〕。

　　同樣的，如果人類也能將葉綠體置入體內的話，或許也能行光合作用。然而，約1㎡的葉子所製造的氧氣量約10ℓ。成人1天約呼吸500ℓ氧氣，即使全身覆蓋葉片，透過光合作用應該也只能應付3%左右。只靠光合作用要生存下去似乎很困難。

有些動物會行光合作用

▶ 帶有葉綠體的動物們

動物當中有些物種會有技巧地利用植物的葉綠素來生存。

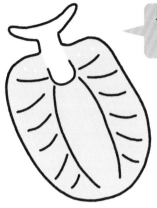

只靠光合作用
可以存活
9個月！

綠藻海天牛
（學名：Elysia chlorotica）

在藻類的細胞壁上開洞，吸取細胞的內容物食用。會將攝取的藻類葉綠體置入腸壁細胞，利用它行光合作用取得營養。

斑點鈍口螈

從母體的卵管細胞就吸收綠藻共生。綠藻從卵的時代起就進入卵（胚胎）裡，綠藻利用胚胎的排泄物、胚胎則利用綠藻行光合作用製造的氧氣及碳水化合物。隨著卵的成長，綠藻會被吸入細胞內。因集中分布在粒線體的周圍，推測粒線體可能是在使用光合作用所製造的氧氣。

綠藻也會
進入卵中利用
氧氣。

成長後
將綠藻吸入
細胞內。

64 誰能拯救全球性的「蛋白質危機」？

原來如此！ 藻類、昆蟲、人造雞肉!?
人類正在摸索新的蛋白質來源。

現今全球大約需要多少蛋白質呢？人類1天所需的蛋白質約是體重的1/1000。以平均體重50kg來算的話，一個人就需要50g[※]。2021年的全球人口約78億人，**所以1天約需要39萬t蛋白質**。然而，由於飲食生活的提升，蛋白質的需求量也年年在增加。聯合國指出，到2050年全球人口將達到約97億人，蛋白質的需求量也隨之增加〔**右圖**〕。預測2030年左右**供需將會開始失衡**。

被當成這個**「蛋白質危機」**的救世主而寄予厚望的正是**藻類**。藻類的最大特徵是透過光合作用就會增加，每單位面積的生產量高，再加上蛋白質的含量相較於大豆的30%，藻類（螺旋藻）高達65%。除此之外，營養價值高的**昆蟲**也受到矚目，除作為人類食用以外，也正進行活用於飼料的研究。而最近由動物細胞製造出來的**人造雞肉**，其安全性在世界上首次獲得認可並獲准上市販售。

替代蛋白質一個接一個被開發出來。然而，需要改變的或許是社會。現今也正摸索著**轉變為循環型社會**，在自己國內永續生產所需要的資源。

※ 使用的是和 P13 不同的估算值。

▶ 隨著人口增加，蛋白質的需求量也增加

將全球糧食需求的預測圖和全球人口的演變合起來看。

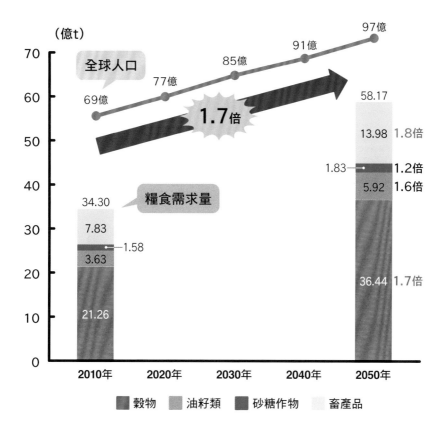

隨著全球人口增加，糧食的需求量也增加，預估2050年將較2010年增加1.7倍。尤其以畜產品（牛肉、豬肉、雞肉、乳製品）以及穀物（小麥、米、玉米、大麥）增加最多。

出處：日本總務省　全球統計2020
　　　日本農林水產省　2050年全球糧食供需預測

Q 冷凍食品所使用的蛋白質是由什麼提取出來的？

| 蘿蔔嬰 | or | 蚊子 |

自然界存在著多樣化的蛋白質。為利用其功用而進行的研究中，發現某樣東西提取出來的蛋白質可以讓冷凍食品大大變美味。驚悚的2個選擇，你選哪一個呢？

地球上有許多在人類眼中具有「特異功能」的生物。舉例來說，在冰點下水中游泳的魚。為什麼牠可以游泳而不會結凍呢？這個「特異功能」的真面目就在於蛋白質。

1969年，在棲息於南極的魚血液中發現了**「抗凍蛋白」**的存在。抗凍蛋白會在冰還是小結晶時結合在其周圍，防止結晶和結晶彼此黏

住。也就是說，**它是抑制冰晶成長變大的蛋白質**。由於冰晶停留在非常小的狀態，因此魚可以游泳而不被結凍。

這種**抗凍蛋白也被運用於冷凍食品**。水變成冰的時候，體積會增加10％。變大不只會破壞組織和細胞，冰晶也會吸走周圍的水分再成長變大。冷凍食品的味道會變差就是這個緣故。不過，添加抗凍蛋白便可以抑制味道因冷凍而劣化〔**上圖**〕。

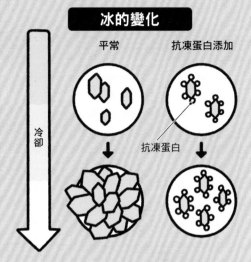

冰的變化

平常　　　抗凍蛋白添加

冷卻

抗凍蛋白

已知除了魚以外，棲息在寒冷地區的各種生物、植物或菇類、細菌、昆蟲也都帶有抗凍蛋白。海外已將來自魚或昆蟲的抗凍蛋白加以基因改造進行生產，但在日本運用的是不經基因改造、安全且有效率的抗凍蛋白，那就是**來自蘿蔔嬰的抗凍蛋白**。因此答案是「蘿蔔嬰」。

順帶一提，蚊子也帶有具「特異功能」的蛋白質，那就是偵測氣味的嗅覺受體（膜蛋白）。有研究結果指出，可利用蚊子的嗅覺受體檢測人類呼氣中含有的肝癌指標物質。

蛋白質量表

以下介紹食材的可食部分每100g所含有的蛋白質量、脂質量、碳水化合物量。

肉 類

魚 類

豆 類

蛋 類

乳 類

穀 類

根莖類

蔬菜類

菇 類

海藻類

果實、種籽

分類	食材名	蛋白質 （g）	脂質 （g）	碳水化合物 （g）
牛肉	牛肩肉（帶肥肉）	17.7	22.3	0.3
牛肉	牛肩肉（瘦肉）	20.2	12.2	0.3
牛肉	嫩肩里肌（帶肥肉）	13.8	37.4	0.2
牛肉	嫩肩里肌（瘦肉）	16.5	26.1	0.2
牛肉	牛肋（帶肥肉）	9.7	56.5	0.1
牛肉	牛肋（瘦肉）	14.0	40.0	0.2
牛肉	沙朗（帶肥肉）	11.7	47.5	0.3
牛肉	沙朗（瘦肉）	17.1	25.8	0.4
牛肉	牛胸腹肉（帶肥肉）	11.0	50.0	0.1
牛肉	後腿肉（帶肥肉）	19.2	18.7	0.5
牛肉	後腿肉（瘦肉）	21.3	10.7	0.6
牛肉	牛臀肉（帶肥肉）	15.1	29.9	0.4
牛肉	牛臀肉（瘦肉）	19.2	13.6	0.5
牛肉	菲力（瘦肉）	19.1	15.0	0.3
牛肉	牛絞肉	17.1	21.1	0.3
牛肉	牛舌	13.3	31.8	0.2
牛肉	牛心	16.5	7.6	0.1
牛肉	牛肝	19.6	3.7	3.7
牛肉	牛胃	11.7	1.3	0.0
牛肉	牛橫膈膜	14.8	27.3	0.3

分類	食材名	蛋白質 (g)	脂質 (g)	碳水化合物 (g)
加工牛肉	烤牛肉	21.7	11.7	0.9
加工牛肉	玉米牛肉罐頭	19.8	13.0	1.7
加工牛肉	牛肉乾	54.8	7.8	6.4
豬肉	胛心肉（帶肥肉）	18.5	14.6	0.2
豬肉	胛心肉（瘦肉）	20.9	3.8	0.2
豬肉	梅花肉（帶肥肉）	17.1	19.2	0.1
豬肉	梅花肉（瘦肉）	19.7	7.8	0.1
豬肉	里肌肉（帶肥肉）	19.3	19.2	0.2
豬肉	里肌肉（瘦肉）	22.7	5.6	0.3
豬肉	五花肉	14.4	35.4	0.1
豬肉	後腿肉（帶肥肉）	20.5	10.2	0.2
豬肉	後腿肉（瘦肉）	22.1	3.6	0.2
豬肉	腰內肉	22.2	3.7	0.3
豬肉	豬絞肉	17.7	17.2	0.1
豬肉	豬肝	20.4	3.4	2.5
豬肉	豬腳（水煮）	20.1	16.8	Tr
加工豬肉	去骨火腿	18.7	4.0	1.8
加工豬肉	烤火腿	18.6	14.5	2.0
加工豬肉	生火腿（乾燥熟成）	24.0	16.6	0.5
加工豬肉	培根（五花）	12.9	39.1	0.3

分類	食材名	蛋白質 （g）	脂質 （g）	碳水化合物 （g）
加工豬肉	維也納香腸	11.5	30.6	3.3
加工豬肉	法蘭克福香腸	12.7	24.7	6.2
加工豬肉	薩拉米香腸	16.9	29.7	2.9
加工豬肉	烤豬	19.4	8.2	5.1
雞肉	雞翅（帶皮）	17.8	14.3	0.0
雞肉	二節翅（帶皮）	17.4	16.2	0.0
雞肉	翅腿（帶皮）	18.2	12.8	0.0
雞肉	雞胸肉（帶皮）	21.3	5.9	0.1
雞肉	雞胸肉（去皮）	23.3	1.9	0.1
雞肉	雞腿肉（帶皮）	16.6	14.2	0.0
雞肉	雞腿肉（去皮）	19.0	5.0	0.0
雞肉	雞里肌	23.9	0.8	0.1
雞肉	雞絞肉	17.5	12.0	0.0
雞肉	雞肝	18.9	3.1	0.6
雞肉	雞胗	18.3	1.8	Tr
雞肉	雞軟骨	12.5	0.4	0.4
加工雞肉	烤雞罐頭	18.4	7.8	8.2
加工雞肉	雞肉丸	15.2	15.2	9.3
其他肉類	馬肉（瘦肉）	20.1	2.5	0.3
其他肉類	鯨魚肉（瘦肉）	24.1	0.4	0.2

分類	食材名	蛋白質 （g）	脂質 （g）	碳水化合物 （g）
其他肉類	羊肩肉（帶肥肉）	17.1	17.1	0.1
其他肉類	羊里肌肉（帶肥肉）	15.6	25.9	0.2
其他肉類	羊腿（帶肥肉）	20.0	12.0	0.3
其他肉類	鵝肝（水煮）	8.3	49.9	1.5
其他肉類	菜鴨（帶皮）	14.2	29.0	0.1
魚	竹筴魚	19.7	4.5	0.1
魚	竹筴魚乾	20.2	8.8	0.1
魚	香魚（天然）	18.3	2.4	0.1
魚	香魚（養殖）	17.8	7.9	0.6
魚	沙丁魚	19.2	9.2	0.2
魚	小魚乾	18.2	18.9	0.5
魚	魩仔魚（生）	15.0	1.3	0.1
魚	鹽煮魩仔魚	17.6	1.7	Tr
魚	鰻魚（養殖）	17.1	19.3	0.3
魚	劍旗魚	19.2	7.6	0.1
魚	鰹魚（春天捕獲）	25.8	0.5	0.1
魚	金梭魚	18.9	7.2	0.1
魚	帶卵鰈魚	19.9	6.2	0.1
魚	紅甘（三片剖開）	21.0	4.2	0.1
魚	沙腸魚	18.5	0.2	0.0

分類	食材名	蛋白質 （g）	脂質 （g）	碳水化合物 （g）
魚	銀鱈	13.6	18.6	Tr
魚	紅金眼鯛	17.8	9.0	0.1
魚	白鮭	22.3	4.1	0.1
魚	紅鮭	22.5	4.5	0.1
魚	銀鮭	19.6	12.8	0.3
魚	鮭魚卵	32.6	15.6	0.2
魚	鹽漬鮭魚卵	30.5	17.4	0.9
魚	鮭魚	20.1	16.5	0.1
魚	白腹鯖	20.6	16.8	0.3
魚	土魠魚	20.1	9.7	0.1
魚	秋刀魚（帶皮）	18.1	25.6	0.1
魚	柳葉魚（半乾燥）	21.0	8.1	0.2
魚	海鱸魚	19.8	4.2	Tr
魚	真鯛（天然）	20.6	5.8	0.1
魚	鱈魚	17.6	0.2	0.1
魚	鰤魚	17.4	15.1	0.1
魚	比目魚（天然）	20.0	2.0	Tr
魚	鰤魚	21.4	17.6	0.3
魚	花鰤魚乾	20.6	9.4	0.1
魚	黑鮪魚（瘦肉）	26.4	1.4	0.1

分類	食材名	蛋白質 (g)	脂質 (g)	碳水化合物 (g)
魚	黑鮪魚（肥肉＝腹肉）	20.1	27.5	0.1
魚	西太公魚	14.4	1.7	0.1
貝類	花蛤	6.0	0.3	0.4
貝類	黑鮑魚	14.3	0.8	3.6
貝類	牡蠣（養殖）	6.9	2.2	4.9
貝類	蠑螺	19.4	0.4	0.8
貝類	蜆	7.5	1.4	4.5
貝類	文蛤	6.1	0.6	1.8
貝類	帆立貝	13.5	0.9	1.5
貝類	甜蝦	19.8	1.5	0.1
貝類	櫻花蝦（水煮）	18.2	1.5	Tr
貝類	明蝦	21.7	0.3	0.1
貝類	毛蟹（水煮）	18.4	0.5	0.2
貝類	雪蟹（水煮）	15.0	0.6	0.1
貝類	帝王蟹（水煮）	17.5	1.5	0.3
貝類	北魷	17.9	0.8	0.1
貝類	螢烏賊	11.8	3.5	0.2
貝類	章魚	16.4	0.7	0.1
貝類	生海膽	16.0	4.8	3.3
加工魚類	魩仔魚乾（微乾燥品）	24.5	2.1	0.1

分類	食材名	蛋白質（g）	脂質（g）	碳水化合物（g）
加工魚類	日本鰻魚乾薄片	75.1	5.6	0.7
加工魚類	沙丁魚罐頭	20.3	30.7	0.3
加工魚類	鰻魚	24.2	6.8	0.1
加工魚類	柴魚片	77.1	2.9	0.8
加工魚類	鰹魚罐頭（油漬）	18.8	24.2	0.1
加工魚類	鮪魚罐頭（油漬）	17.7	21.7	0.1
加工魚類	魚子醬	26.2	17.1	1.1
加工魚類	鯖魚罐頭（水煮）	20.9	10.7	0.2
加工魚類	鯖魚罐頭（味噌煮）	16.3	13.9	6.6
加工魚類	醬漬秋刀魚乾	23.9	25.8	20.4
加工魚類	秋刀魚罐頭（調味）	18.9	18.9	5.6
加工魚類	秋刀魚罐頭（蒲燒）	17.4	13.0	9.7
加工魚類	鱈魚子	24.0	4.7	0.4
加工魚類	明太子	21.0	3.3	3.0
加工魚類	鯡魚卵	25.2	6.7	0.2
加工魚類	花蛤（水煮）	20.3	2.2	1.9
加工魚類	魷魚絲	45.5	3.1	17.3
加工魚類	魷魚乾	69.2	4.3	0.4
加工魚類	煙燻魷魚	35.2	1.5	12.8
加工魚類	鹽漬魷魚	15.2	3.4	6.5

分類	食材名	蛋白質 （g）	脂質 （g）	碳水化合物 （g）
加工魚類	蟳味棒	12.1	0.5	9.2
加工魚類	蒸魚板	12.0	0.9	9.7
加工魚類	烤竹輪	12.2	2.0	13.5
加工魚類	伊達卷（魚漿玉子燒）	14.6	7.5	17.6
加工魚類	魚丸	12.0	4.3	6.5
加工魚類	花魚板	7.6	0.4	11.6
加工魚類	鱈寶	9.9	1.0	11.4
加工魚類	炸魚板（甜不辣）	12.5	3.7	13.9
加工魚類	魚板條	11.5	7.2	12.6
豆類	紅豆（整顆、水煮）	8.6	0.8	25.6
豆類	四季豆仁（整顆、水煮）	9.3	1.2	24.5
豆類	豌豆（水煮）	8.3	0.2	18.5
豆類	蠶豆（未成熟、水煮）	10.5	0.2	16.9
豆類	黃豆（黃大豆、乾）	33.8	19.7	29.5
豆類	鷹嘴豆（整顆、水煮）	9.5	2.5	27.4
加工豆類	無糖豆沙餡	9.8	0.6	27.1
加工豆類	甜紅豆泥	5.6	0.6	54.0
加工豆類	黃豆罐頭（水煮）	12.9	6.7	7.7
加工豆類	黃豆粉	36.7	25.7	28.5
加工豆類	傳統豆腐	7.0	4.9	1.5

肉類

魚類

豆類

蛋類

乳類

穀類

根莖類

蔬菜類

菇類

海藻類

果實、
種籽

分類	食材名	蛋白質（g）	脂質（g）	碳水化合物（g）
加工豆類	嫩豆腐	5.3	3.5	2.0
加工豆類	凍豆腐	50.5	34.1	4.2
加工豆類	油豆腐	10.7	11.3	0.9
加工豆類	炸豆皮	23.4	34.4	0.4
加工豆類	蔬菜豆腐餅	15.3	17.8	1.6
加工豆類	納豆	16.5	10.0	12.1
加工豆類	豆渣（生）	6.1	3.6	13.8
加工豆類	豆渣（乾）	23.1	13.6	52.3
加工豆類	豆漿（無糖、原味）	3.6	2.0	3.1
加工豆類	豆皮	21.8	13.7	4.1
蛋	雞蛋	12.2	10.2	0.4
蛋	蛋黃	16.5	34.3	0.2
蛋	蛋白	10.1	Tr	0.5
蛋	鵪鶉蛋	12.6	13.1	0.3
加工蛋	皮蛋	13.7	16.5	0.0
加工蛋	雞蛋豆腐	6.5	5.3	0.9
牛乳	牛奶	3.3	3.8	4.8
牛乳	牛奶（低脂）	3.8	1.0	5.5
奶油	煉乳（加糖）	7.7	8.5	56.0
奶油	鮮奶油（動物性）	1.9	43.0	6.5

分類	食材名	蛋白質 (g)	脂質 (g)	碳水化合物 (g)
奶油	鮮奶油（植物性）	1.3	39.5	3.3
奶油	冰淇淋（全脂）	3.9	8.0	23.2
優格	優格（無糖）	3.6	3.0	4.9
優格	優格（加糖）	2.9	0.5	12.2
乳酪	卡特基乳酪	13.3	4.5	1.9
乳酪	卡蒙貝爾乳酪	19.1	24.7	0.9
乳酪	奶油乳酪	8.2	33.0	2.3
乳酪	切達乳酪	25.7	33.8	1.4
乳酪	帕瑪森乾酪	44.0	30.8	1.9
乳酪	藍乳酪	18.8	29.0	1.0
乳酪	馬斯卡魯波涅	4.4	28.2	4.3
乳酪	莫札瑞拉乳酪	18.4	19.9	4.2
乳酪	加工乳酪	22.7	26.0	1.3
米	米飯（精製白米、白米）	2.5	0.3	37.1
米	米飯（糙米）	2.8	1.0	35.6
米	米飯（糯米）	3.5	0.5	43.9
米	米飯（發芽糙米）	3.0	1.4	35.0
米	紅豆糯米飯	4.3	0.6	41.9
米	麻糬	4.0	0.6	50.8
麵包類	吐司麵包	8.9	4.1	46.4

肉類

魚類

豆類

蛋類

乳類

穀類

根莖類

蔬菜類

菇類

海藻類

果實、種籽

分類	食材名	蛋白質 (g)	脂質 (g)	碳水化合物 (g)
麵包類	麵包卷	10.1	9.0	48.6
麵包類	牛奶棒	8.5	3.8	49.1
麵包類	法國麵包	9.4	1.3	57.5
麵包類	裸麥麵包	8.4	2.2	52.7
麵包類	全麥麵包	7.9	5.7	45.5
麵包類	葡萄麵包	8.2	3.5	51.1
麵包類	可頌	6.5	20.4	51.5
麵包類	核桃麵包	8.2	12.6	38.7
麵包類	英國馬芬	8.1	3.6	40.8
麵包類	烤薄餅	10.3	3.4	47.6
麵包類	貝果	9.6	2.0	54.6
麵包類	米麵包（土司）	10.7	5.1	41.6
麵類	烏龍麵（生）	6.1	0.6	56.8
麵類	烏龍麵（水煮）	2.6	0.4	21.6
麵類	蕎麥麵（水煮）	4.8	1.0	26.0
麵類	麵線・涼麵（乾）	9.5	1.1	72.7
麵類	麵線・涼麵（水煮）	3.5	0.4	25.8
麵類	油麵（生）	8.6	1.2	55.7
麵類	油麵（水煮）	4.9	0.6	29.2
麵類	通心麵、義大利直麵（乾）	12.9	1.8	73.1

分類	食材名	蛋白質 （g）	脂質 （g）	碳水化合物 （g）
麵類	通心麵、義大利直麵（水煮）	5.8	0.9	32.2
麵類	生義大利麵	7.8	1.9	46.9
麵類	米粉	7.0	1.6	79.9
麵類	沖繩麵（生）	9.2	2.0	54.2
麵類	沖繩麵（水煮）	5.2	0.8	28.0
粉類	低筋麵粉（1等）	8.3	1.5	75.8
粉類	中筋麵粉（1等）	9.0	1.6	75.1
粉類	高筋麵粉（1等）	11.8	1.5	71.7
粉類	大阪燒專用粉	10.1	1.9	73.6
粉類	鬆餅粉	7.8	4.0	74.4
粉類	炸雞粉	10.2	1.2	70.0
粉類	米粉	6.0	0.7	81.9
粉類	糯米粉	6.3	1.0	80.0
其他	小米（精製脫殼）	11.2	4.4	69.7
其他	燕麥片	13.7	5.7	69.1
其他	大麥（去皮7成大麥仁）	10.9	2.1	72.1
其他	玉米片	7.8	1.7	83.6
根莖類	地瓜（帶皮）	0.9	0.5	33.1
根莖類	芋頭	1.5	0.1	13.1
根莖類	馬鈴薯（帶皮）	1.8	0.1	15.9

肉類

魚類

豆類

蛋類

乳類

穀類

根莖類

蔬菜類

菇類

海藻類

果實、種籽

分類	食材名	蛋白質（g）	脂質（g）	碳水化合物（g）
根莖類	山藥	2.2	0.3	13.9
根莖類	大和芋山藥	4.5	0.2	27.1
加工芋類	板狀蒟蒻（精緻粉）	0.1	Tr	2.3
加工芋類	蒟蒻麵	0.2	Tr	3.0
加工芋類	葛粉條（水煮）	0.1	0.1	33.3
加工芋類	冬粉（水煮）	0.0	Tr	19.9
加工芋類	粉圓（水煮）	0.0	Tr	15.4
蔬菜	細香蔥	4.2	0.3	5.6
蔬菜	蘆筍	2.6	0.2	3.9
蔬菜	四季豆	1.8	0.1	5.1
蔬菜	毛豆	11.7	6.2	8.8
蔬菜	豆苗（莖葉）	3.8	0.4	4.0
蔬菜	荷蘭豆	3.1	0.2	7.5
蔬菜	甜豆	2.9	0.1	9.9
蔬菜	無翅豬毛菜	1.4	0.2	3.4
蔬菜	秋葵	2.1	0.2	6.6
蔬菜	蕪菁（帶根、帶皮）	0.7	0.1	4.6
蔬菜	西洋南瓜	1.9	0.3	20.6
蔬菜	白花椰	3.0	0.1	5.2
蔬菜	高麗菜	1.3	0.2	5.2

分類	食材名	蛋白質 （g）	脂質 （g）	碳水化合物 （g）
蔬菜	小黃瓜	1.0	0.1	3.0
蔬菜	牛蒡	1.8	0.1	15.4
蔬菜	小松菜	1.5	0.2	2.4
蔬菜	糯米椒	1.9	0.3	5.7
蔬菜	紫蘇	3.9	0.1	7.5
蔬菜	山茼蒿	2.3	0.3	3.9
蔬菜	生薑	0.9	0.3	6.6
蔬菜	櫛瓜	1.3	0.1	2.8
蔬菜	芹菜	0.4	0.1	3.6
蔬菜	蘿蔔嬰	2.1	0.5	3.3
蔬菜	白蘿蔔（帶皮）	0.5	0.1	4.1
蔬菜	竹筍	3.6	0.2	4.3
蔬菜	洋蔥	1.0	0.1	8.4
蔬菜	青江菜	0.6	0.1	2.0
蔬菜	辣椒	3.4	0.1	7.2
蔬菜	冬瓜	0.5	0.1	3.8
蔬菜	玉米	3.6	1.7	16.8
蔬菜	玉米筍	2.3	0.2	6.0
蔬菜	番茄	0.7	0.1	4.7
蔬菜	小番茄	1.1	0.1	7.2

分類	食材名	蛋白質 （g）	脂質 （g）	碳水化合物 （g）
蔬菜	茄子	1.1	0.1	5.1
蔬菜	韭菜	1.7	0.3	4.0
蔬菜	紅蘿蔔（帶皮）	0.7	0.2	9.3
蔬菜	大蒜	6.4	0.9	27.5
蔬菜	青蔥	1.4	0.1	8.3
蔬菜	大白菜	0.8	0.1	3.2
蔬菜	羅勒	2.0	0.6	4.0
蔬菜	巴西利	4.0	0.7	7.8
蔬菜	甜菜根	1.6	0.1	9.3
蔬菜	青椒	0.9	0.2	5.1
蔬菜	紅椒	1.0	0.2	7.2
蔬菜	花椰菜	5.4	0.6	6.6
蔬菜	菠菜	2.2	0.4	3.1
蔬菜	水菜	2.2	0.1	4.8
蔬菜	茗荷	0.9	0.1	2.6
蔬菜	高麗菜芽	5.7	0.1	9.9
蔬菜	豆芽菜（綠豆芽）	1.7	0.1	2.6
蔬菜	黃豆芽	3.7	1.5	2.3
蔬菜	蕗蕎	1.4	0.2	29.3
蔬菜	萵苣	0.6	0.1	2.8

分類	食材名	蛋白質 （g）	脂質 （g）	碳水化合物 （g）
蔬菜	紅葉萵苣	1.2	0.2	3.2
蔬菜	韓國生菜	1.2	0.4	2.5
蔬菜	蓮藕	1.9	0.1	15.5
蔬菜	山葵	5.6	0.2	18.4
加工蔬菜	蘿蔔乾切塊（乾燥）	9.7	0.8	69.7
加工蔬菜	醃蘿蔔	1.9	0.1	5.5
加工蔬菜	醬菜	2.7	0.1	33.3
加工蔬菜	酸菜	1.9	0.6	6.2
加工蔬菜	筍乾	1.0	0.5	3.6
加工蔬菜	整顆番茄罐	0.9	0.2	4.4
加工蔬菜	醃茄子	1.4	0.2	7.0
加工蔬菜	混合蔬菜（冷凍）	3.0	0.7	15.1
菇類	鴻喜菇	2.7	0.5	4.8
菇類	金針菇	2.7	0.2	7.6
菇類	杏鮑菇	2.8	0.4	6.0
菇類	舞菇	2.0	0.5	4.4
菇類	木耳（水煮）	0.6	0.2	5.2
菇類	生香菇	3.1	0.3	6.4
菇類	乾香菇	21.2	2.8	62.5
菇類	滑菇（水煮）	1.6	0.1	5.1

分類	食材名	蛋白質（g）	脂質（g）	碳水化合物（g）
菇類	蘑菇	2.9	0.3	2.1
菇類	松茸	2.0	0.6	8.2
加工菇類	醬燒金針菇	3.6	0.3	16.9
海藻	石蓴（風乾）	22.1	0.6	41.7
海藻	青海苔（風乾）	29.4	5.2	41.0
海藻	烤海苔	41.4	3.7	44.3
海藻	昆布（海帶，風乾）	5.8	1.3	64.3
海藻	鹽漬昆布	16.9	0.4	37.0
海藻	醬燒昆布	6.0	1.0	33.3
海藻	海藻凍	0.2	0.0	0.6
海藻	羊栖菜乾（乾燥）	9.2	3.2	58.4
海藻	海蘊	0.2	0.1	1.4
海藻	海帶芽（生鮮）	1.9	0.2	5.6
海藻	海帶芽切片（乾燥）	17.9	4.0	42.1
海藻	海帶芽莖（汆燙鹽漬、去鹽）	1.1	0.3	5.5
海藻	海帶芽根	0.9	0.6	3.4
果實	酪梨	2.1	17.5	7.9
果實	杏桃	1.0	0.3	8.5
果實	草莓	0.9	0.1	8.5
果實	無花果	0.6	0.1	14.3

分類	食材名	蛋白質 （g）	脂質 （g）	碳水化合物 （g）
果實	梅子	0.7	0.5	7.9
果實	柿子	0.4	0.2	15.9
果實	柑橘（橘瓣）	0.7	0.1	12.0
果實	柳橙（甜橙）	0.9	0.1	11.8
果實	酸橘（果汁）	0.4	0.1	8.5
果實	金橘	0.5	0.7	17.5
果實	葡萄柚	0.9	0.1	9.6
果實	醋橘	1.8	0.3	16.4
果實	夏蜜柑	0.9	0.1	10.0
果實	八朔橘	0.8	0.1	11.5
果實	柚子	1.2	0.5	14.2
果實	萊姆	0.4	0.1	9.3
果實	檸檬	0.9	0.7	12.5
果實	奇異果	1.0	0.2	13.4
果實	櫻桃	1.0	0.2	15.2
果實	西瓜	0.6	0.1	9.5
果實	火龍果	1.4	0.3	11.8
果實	榴槤	2.3	3.3	27.1
果實	日本梨	0.3	0.1	11.3
果實	鳳梨	0.6	0.1	13.7

分類	食材名	蛋白質 (g)	脂質 (g)	碳水化合物 (g)
果實	香蕉	1.1	0.2	22.5
果實	葡萄（帶皮）	0.6	0.2	16.9
果實	藍莓	0.5	0.1	12.9
果實	芒果	0.6	0.1	16.9
果實	哈密瓜	1.1	0.1	10.3
果實	桃子	0.6	0.1	10.2
果實	荔枝	1.0	0.1	16.4
果實	蘋果（帶皮）	0.2	0.3	16.2
加工果實	梅子（鹽漬）	0.9	0.7	8.6
加工果實	柿餅	1.5	1.7	71.3
加工果實	橘子罐頭（果肉）	0.5	0.1	15.3
加工果實	杏桃（乾）	2.4	0.2	62.3
加工果實	鳳梨罐頭	0.4	0.1	20.3
加工果實	葡萄乾	2.7	0.2	80.3
加工果實	桃子罐頭	0.5	0.1	20.6
堅果類	杏仁	19.6	51.8	20.9
堅果類	腰果（油炸、調味）	19.8	47.6	26.7
堅果類	南瓜子（炒、調味）	26.5	51.8	12.0
堅果類	銀杏（水煮）	4.6	1.5	35.8
堅果類	栗子（水煮）	3.5	0.6	36.7

肉類

魚類

豆類

蛋類

乳類

穀類

根莖類

蔬菜類

菇類

海藻類

果實、種籽

分類	食材名	蛋白質 (g)	脂質 (g)	碳水化合物 (g)
堅果類	甘栗	4.9	0.9	48.5
堅果類	核桃 (炒)	14.6	68.8	11.7
果類	芝麻 (炒)	20.3	54.2	18.5
堅果類	奇亞籽 (乾)	19.4	33.9	34.5
堅果類	開心果 (炒、調味)	17.4	56.1	20.9
堅果類	榛果 (油炸、調味)	13.6	69.3	13.9
堅果類	夏威夷豆 (炒、調味)	8.3	76.7	12.2
堅果類	花生 (乾)	25.2	47.0	19.4
加工堅果	花生醬	20.6	50.4	24.9

＊依據日本文部科學省「日本食品標準成分表2020年版（修訂八版）」
＊「Tr」表示微量。
＊如未特別標示，則是生（烹調前）的數值。

189

索 引

15 劃

20 劃

參考文獻

《ニュートン別冊　人体の最重要部品　10万種類のタンパク質》 （ニュートンプレス）

《たんぱく質入門》 武村政春 （講談社ブルーバックス）

《タンパク質の一生　―生命活動の舞台裏》 永田和宏 （岩波新書）

《タンパク質はすごい！　心と体の健康をつくるタンパク質の秘密》 石浦章一著 （技術評論社）

《どうして心臓は動き続けるの？　生命をささえるタンパク質のなぞにせまる》
　大阪大学蛋白質研究所編 （化学同人）

《トコトンやさしいタンパク質の本》 東京工業大学 大学院 生命理工学研究科編 （日刊工業新聞社）

《東大が調べてわかった衰えない人の生活習慣》 飯島勝矢著 （KADOKAWA）

《最新研究でわかった日本人の長生き栄養学》 白澤卓二著 （エクスナレッジ）

《食の歴史　人類はこれまで何を食べてきたのか》 ジャック・アタリ著 （プレジデント社）

食品成分データベース （https://fooddb.mext.go.jp/）

アミノ酸大百科 （https://www.ajinomoto.co.jp/amino/）

監修者 **佐々木一**（SASAKI HAJIME）

理學博士。山形大學理學部生命學系畢業後，於名古屋大學理學部研究所專攻生物學畢業。曾從事乳品業廠商研究員，之後擔任神奈川工科大學管理營養學科教授，於2019年3月退休。研究員時代發現了乳清蛋白的抗發炎作用，並製成商品作為醫院用的流質食物。現在正進行使用乳清蛋白以及乳清胜肽對於肌肉增強作用的研究。

[日文版 Staff]

執筆協助　小川睦美、夏見幸恵（有限会社クレア）
插圖　　　くにともゆかり、栗生ゑゐこ
設計　　　佐々木容子（カラノキデザイン制作室）
編輯協助　高島直子

ILLUST & ZUKAI CHISHIKI ZERO DEMO TANOSHIKU YOMERU!
TANPAKUSHITSU NO SHIKUMI supervised by Hajime Sasaki
Copyright © 2021 Naoko Takashima
All rights reserved.
Original Japanese edition published by SEITO-SHA Co., Ltd., Tokyo.

This Traditional Chinese language edition is published
by arrangement with SEITO-SHA Co., Ltd., Tokyo
in care of Tuttle-Mori Agency, Inc.

圖解人體不可或缺的營養素：蛋白質
零概念也能樂在其中！探索蛋白質的運作＆機制

2022年 3 月1日初版第一刷發行
2023年 12月1日初版第二刷發行

監　　　修　佐々木一
譯　　　者　王盈潔
編　　　輯　吳元晴
美術編輯　黃郁琇
發 行 人　若森稔雄
發 行 所　台灣東販股份有限公司
　　　　　＜地址＞台北市南京東路4段130號2F-1
　　　　　＜電話＞（02）2577-8878
　　　　　＜傳真＞（02）2577-8896
　　　　　＜網址＞http：//www.tohan.com.tw
郵撥帳號　1405049-4
法律顧問　蕭雄淋律師
總 經 銷　聯合發行股份有限公司
　　　　　＜電話＞（02）2917-8022

TOHAN

國家圖書館出版品預行編目（CIP）資料

圖解人體不可或缺的營養素：蛋白質零概念
也能樂在其中！探索蛋白質的運作＆機制/
佐々木一監修；王盈潔譯 -- 初版 -- 臺北
市：臺灣東販股份有限公司, 2022.03
192面；14.4×21公分
ISBN 978-626-329-106-5（平裝）

1.CST: 蛋白質

399.7　　　　　　　　　　111000429